山西冰雹预报

赵海英　郭媛媛　董春卿　赵　珺　编著

内容简介

为了提高山西冰雹预报准确率,预防和减轻冰雹带来的灾害,本书对山西冰雹进行了系统研究。在分析研究大量山西冰雹个例的基础上,根据其环流形势对山西冰雹天气进行整理分型;对冰雹天气过程中30多个表征环境大气不稳定、抬升、水汽、垂直风切变等条件的环境参量进行统计分析,得出了这些环境参量的阈值,提炼出山西冰雹天气发生的潜势预报指标;并利用山西大同、太原、吕梁、临汾、长治5部多普勒天气雷达的探测资料,对冰雹天气的雷达回波和参数进行了分析研判和统计分析,凝练出适合于山西冰雹的雷达识别参量和短时临近预报、预警指标。

本书可以作为天气预报员、天气预报相关行业业务与研究人员的参考书。

图书在版编目(CIP)数据

山西冰雹预报 / 赵海英等编著. -- 北京 : 气象出版社,2022.1
ISBN 978-7-5029-7652-1

Ⅰ.①山… Ⅱ.①赵… Ⅲ.①冰雹预报-山西 Ⅳ.①P457.6

中国版本图书馆CIP数据核字(2022)第011347号

山西冰雹预报
Shanxi Bingbao Yubao

出版发行:气象出版社	
地　　址:北京市海淀区中关村南大街46号	邮政编码:100081
电　　话:010-68407112(总编室)　010-68408042(发行部)	
网　　址:http://www.qxcbs.com	E-mail:qxcbs@cma.gov.cn
责任编辑:张　斌	终　审:吴晓鹏
责任校对:张硕杰	责任技编:赵相宁
封面设计:地大彩印设计中心	
印　　刷:北京建宏印刷有限公司	
开　　本:787 mm×1092 mm　1/16	印　张:7.5
字　　数:192 千字	
版　　次:2022 年 1 月第 1 版	印　次:2022 年 1 月第 1 次印刷
定　　价:60.00 元	

本书如存在文字不清、漏印以及缺页、倒页、脱页等,请与本社发行部联系调换

前 言

本书是密切结合山西天气预报的实际业务,在充分吸收山西冰雹预报经验和最新研究成果的基础上编写而成,其中所用个例都来源于山西省,不少个例已在预报竞赛和县级综合竞赛集训中作为教材使用。本书的研究成果在冰雹天气预报、预警实际业务中具有重要的指导作用,得出的定量环境参量阈值和雷达参数指标是冰雹客观智能预报的基础,这些指标的应用能够有效提高冰雹预报准确率和预警提前量。

全书共分为5章。第1章介绍了冰雹研究的现状和山西省冰雹灾害的概况。第2章利用山西省属气象站建站以来64年的逐日冰雹观测资料分析了山西冰雹的时空分布特征、冰雹与海拔高度的关系,以及直径大于等于2 cm的大冰雹的分布特征。第3章通过对2008—2019年山西67个冰雹天气典型个例的环流形势、热力条件、动力条件、触发机制等进行详细分析,归纳得出了蒙古冷涡型、高空槽型、东北冷涡横槽型、副热带高压边缘型、西北气流型和高压脊前切变型6种冰雹过程的天气学概念模型。第4章统计分析了67个冰雹样本冰雹天气发生前的表征不稳定、水汽和抬升等环境条件的多种环境参量,给出了对冰雹预报具有指示意义的环境参量分布阈值,这些环境参量的阈值可作为山西冰雹天气的潜势预报指标,并依据冰雹直径是否大于等于2 cm将67个冰雹个例分为大、小冰雹两类,对比了大、小冰雹的环境参量阈值。第5章利用山西省5部多普勒天气雷达的观测资料,统计了山西冰雹的多种雷达参数,归纳总结了山西冰雹的雷达回波特征。

本书的出版得到了山西省重点研发计划(农业)项目"基于多源资料的山西冰雹短临预报技术研究"(201703D221032-2)和山西省重点研发计划项目"面向青运气象保障的山西高分辨率中尺度数值模式研发"(201803D31221)等项目的资助,项目中的部分研究成果写入本书。

本书由赵海英、郭媛媛、董春卿、赵珺完成。在编写过程中,得到了中国气象局气象干部培训学院王秀明教授的指导,在此表示衷心的感谢。

虽然完成不易,但本书仍有很多不足之处,期待读者指正。

作者
2021年8月

目 录

前言
第1章 冰雹研究现状及山西冰雹灾害概况 (1)
1.1 冰雹研究现状 (1)
1.2 山西冰雹灾害概况 (2)
第2章 山西冰雹的时空分布特征 (4)
2.1 山西冰雹的空间分布特征 (4)
2.2 冰雹发生日数与海拔高度的关系 (5)
2.3 山西冰雹的年变化特征 (6)
2.4 山西冰雹的月变化特征 (7)
2.5 山西冰雹的日变化特征 (7)
2.6 山西大冰雹分布特征 (8)
第3章 山西冰雹天气环流分型 (11)
3.1 蒙古冷涡型 (12)
3.1.1 蒙古冷涡西部型 (13)
3.1.2 蒙古冷涡东部型 (15)
3.1.3 典型个例:2016年6月4日冰雹天气 (17)
3.1.4 蒙古冷涡型概念模型 (21)
3.2 高空槽型 (22)
3.2.1 典型个例:2016年4月27日冰雹天气 (26)
3.2.2 典型个例:2014年6月16日冰雹天气 (35)
3.2.3 高空槽型概念模型 (39)
3.3 东北冷涡横槽型 (40)
3.3.1 典型个例:2016年6月13日冰雹天气过程 (41)
3.3.2 东北冷涡横槽型概念模型 (49)
3.4 副热带高压边缘型 (50)
3.4.1 典型个例:2018年7月16日的冰雹天气 (51)
3.4.2 副热带高压边缘型概念模型 (58)
3.5 西北气流型 (59)
3.5.1 典型个例:2015年5月6日山西中南部飑线天气 (60)
3.5.2 西北气流型概念模型 (64)

3.6 高压脊前切变型 ……………………………………………………………（65）
3.7 山西冰雹潜势预报着眼点 ……………………………………………（66）

第4章 山西冰雹天气的环境参量统计特征 ……………………………（68）
4.1 冰雹预报的主要环境参量 ……………………………………………（68）
4.2 环境参量的统计方法 …………………………………………………（69）
4.3 环境参量分布特征 ……………………………………………………（70）
   4.3.1 层结稳定度 ……………………………………………………（70）
   4.3.2 能量条件 ………………………………………………………（72）
   4.3.3 动力条件 ………………………………………………………（74）
   4.3.4 特征高度层 ……………………………………………………（75）
   4.3.5 对流温度和地面温度 …………………………………………（77）
   4.3.6 水汽条件 ………………………………………………………（78）
   4.3.7 各环境参量的阈值范围 ………………………………………（80）

第5章 山西冰雹天气的雷达回波特征 …………………………………（83）
5.1 2015年5月6日长子冰雹雷达回波特征 ……………………………（84）
5.2 2015年7月21日长子冰雹雷达回波特征 …………………………（85）
5.3 2016年4月27日新绛冰雹雷达回波特征 …………………………（86）
5.4 2016年6月4日山西中南部冰雹个例 ………………………………（89）
5.5 2016年6月13日长治大冰雹雷达回波特征 ………………………（92）
5.6 2017年7月14日河津冰雹雷达回波特征 …………………………（95）
5.7 2017年8月11日阳泉大冰雹雷达回波特征 ………………………（98）
5.8 2018年7月16日平陆冰雹雷达回波特征 …………………………（100）
5.9 2019年4月24日雷达回波特征 ……………………………………（102）
5.10 2019年6月7日雷达回波特征 ……………………………………（104）
5.11 2019年7月5日雷达回波特征 ……………………………………（106）
5.12 山西冰雹的雷达回波统计特征 ……………………………………（109）

参考文献 …………………………………………………………………（112）

第1章 冰雹研究现状及山西冰雹灾害概况

1.1 冰雹研究现状

冰雹是全球性的灾害性天气现象,是由强对流天气系统引起的一种剧烈的灾害天气,它来势猛、强度大,并常伴随着雷暴、大风、强降水、急剧降温等阵发性灾害天气,危害极大。中国有黄土高原、环渤海、东北平原、云贵高原、江淮平原、新疆阿克苏、青海东部和华中地区共8个多雹灾区域。冰雹季节变化明显,长江中下游和华南地区雹灾主要集中在2—4月,其他地区集中在5—9月,从年初到年末,随月份的变化,多雹灾区呈由南向北推进,然后再南撤的变化过程(赵金涛 等,2015)。

针对冰雹的预报问题,国内外许多专家学者进行了大量研究,目前冰雹预报的核心技术主要体现在两方面,一是以探空分析为抓手,加强α中尺度环境场的分析能力,做好环境条件的潜势预报(Johns et al.,1992;Johnson et al.,2014;McNulty,1995;Rasmussen et al.,1998);二是以天气雷达回波分析为抓手,加强β/γ中尺度系统的分析能力,做好雷暴空间结构的趋势分析。Doswell 等(1996)总结了包括冰雹在内的雷暴生成三要素,简称静力不稳定、水汽和抬升:(1)环境温度直减率处于条件不稳定状态,存在温度直减率近乎干绝热的气层,从而有足够大的正浮力;(2)有充足的水汽,使抬升气块代表的状态曲线与环境温度曲线相交于自由对流高度(level of free convetion,LFC);(3)具有使气块达到LFC的抬升机制。简而言之,雷暴产生的核心问题是气块能否被抬升到自由对流高度,自由对流高度以上是否有足够多的正浮力。除了雷暴生成的3个要素外,强冰雹的产生要求有强而相对持久的上升气流,因此需要比较大的对流有效位能(CAPE)和比较强的0~6 km深层垂直风切变。另外,考虑到冰雹在0 ℃层以下的融化,大气中0 ℃层高度不宜太高。此外还有微物理条件,比如在0 ℃层以上,尤其是在−30~−10 ℃的冰雹增长层存在足够多的过冷却水滴(俞小鼎 等,2007)。地形地势对冰雹天气的分布具有决定性作用,青藏高原等高海拔地区发生冰雹频次较多,但冰雹尺寸一般较小;低海拔地区冰雹发生频次相对较少,但冰雹尺寸往往较大,易导致严重灾害(Zhang et al,2008;杨贵名 等,2003;孙继松 等,2006)。Zheng 等(2013)利用探空资料对比了中国中东部和美国对流系统发生时的环境特征,发现中国对流系统的环境条件比美国对应天气的环境湿度更高。曹艳察等(2018)以海拔1 km作为分界线将中国划分为两个阶梯区域,海拔低于1 km的站点为一级阶梯,1~3 km的站点为二级阶梯,发现两级阶梯冰雹环境的水汽、热力和不稳定能量差异显著,一级阶梯冰雹往往出现在具有更不稳定的层结结构、更多不稳定能量、更高水汽含量以及更强的垂直风切变环境中。两级阶梯超过50%的冰雹均出现在最有利抬升指数(BLI)为负值的不稳定环境中,75%以上的冰雹均出现在具有一定不稳定能量的环境中,

50％以上的冰雹均出现在强的垂直温度递减率环境中。

冰雹多由中小尺度对流系统直接产生,由于中小尺度对流系统生命期短、空间范围小、移动演变快,因此短时临近时效的冰雹预报主要依赖于雷达、卫星、闪电定位仪等手段。近些年,全国各地的专家学者对冰雹的预报方法进行了各种研究(黄治勇 等,2015;孙康远 等,2017;徐芬 等,2016;易笑园 等,2017;韩颂雨 等,2017;盛杰 等,2019),特别是对雷达回波特征的研究。普遍认为,强冰雹最基本的雷达回波特征是"高悬的强回波";50 dBZ以上的强回波扩展到环境大气－20 ℃等温线高度以上,同时0 ℃层到地面的高度不超过5 km,回波中心强度越大,高度越高,50 dBZ以上的强回波扩展到的高度越高,强冰雹发生的可能性越大,预期的冰雹直径也越大。在垂直风切变比较明显的环境下,强冰雹天气雷达回波的特征还表现为低层反射率因子的强梯度区、在强梯度区一侧的低层弱回波区(WER)和中层以上的回波悬垂,在超级单体风暴情况下还经常出现有界弱回波区(BWER)结构。WER/BWER的出现表明,上升气流强,强冰雹的可能性明显增加,尤其是BWER的出现,可以使强冰雹发生的可能性增大到90％以上。BWER是超级单体风暴中最强上升气流的位置,该上升气流很强且具有明显的旋转,大粒子很难进入其中,即使有大粒子进入,也会被中气旋的惯性离心力甩到边缘,形成中空的有界弱回波区结构。

由于地形影响和气候等方面的差异,各地冰雹天气多有差异,虽然国内外关于冰雹的研究很多,但是研究结论不一定适用于山西。山西表里山河,地形地势复杂,冰雹天气的类型、强度和环境条件与其他地区均有较大不同。目前针对山西冰雹的研究较少,有的也多是针对单个天气过程的分析,系统性的研究尚不多见。对山西冰雹天气的发生发展机理仍然不甚清楚,在实际预报业务中仍然十分容易造成空报或漏报。随着天气预报业务体制改革的不断深入,加密区域站、自动气象站、新一代多普勒天气雷达、卫星、闪电定位仪、重要天气报告、灾情报告等资料,以及多种数值预报产品、集合预报产品在业务工作中得到了广泛应用。充分利用这些资料,对冰雹天气过程的发生环境背景、大气层结特征、抬升触发机制,以及多普勒雷达回波特征进行深入细致分析,提高冰雹预报预警的准确率是迫切需要解决的问题。

1.2　山西冰雹灾害概况

山西省属于黄土高原多雹灾区,是冰雹灾害频繁发生的省份,昔阳、灵丘、和顺、寿阳、左权、榆次雹灾次数较多,其中昔阳最多,堪称中国的"雹窝子"(赵金涛 等,2015)。冰雹给农业、建筑、通信、电力、交通以及人民生命财产带来巨大损失,山西省农作物因冰雹受灾面积年均13万 hm^2,成灾面积4万 hm^2,绝收面积1万 hm^2;农业经济损失约6200万元,直接经济损失约26000万元。2000年以后冰雹危害较重,2002年是近24年来发生冰雹灾害最严重的一年,全年共发生冰雹灾害26县次,农作物受灾面积37万 hm^2,成灾面积27万 hm^2,绝收面积6万 hm^2,农业经济损失约6000万元(马雅丽 等,2010)。2013年6月25日全省有9站出现冰雹,交城县遭受有史以来最强冰雹天气袭击,从14时17分起,强对流天气过程持续近30 min,降雹时间约20 min,冰雹平均直径为60 mm,最大冰雹直径约80 mm,平均质量28 g,冰雹灾害造成6000 m^2居民楼防漏树脂屋顶严重损毁,农作物、树木、车辆、大棚等严重受损。2016年全省冰雹天气尤其多发,早在4月27日,运城市临猗、永济、新绛、绛县、芮城5个市(县)就发生了冰雹天气,对农作物生长造成了严重影响。6月更是冰雹频发,造成经济损失巨大,引起各级政府和社会各界的广泛关注。6月4日下午,临汾、运城地区多地发生了较大范围冰雹天气,最大冰雹直径达60 mm,持续时间5～30 min,由于正值果园挂果、小麦成熟季,冰雹打断了树枝、树叶,刚挂果的苹果、梨、杏被打落一地,小麦、玉米、设施蔬菜等庄稼也遭受严重灾害,农民损失惨重,据保监局接受报案统计,此次灾害涉及农作物3.17万hm^2,受灾农户11.8万户,估损金额达到5157.85万元。6月13日下午,长治市多地突降冰雹,最大冰雹直径达45 mm,冰雹使农作物受损,停在户外的车辆被砸,给车主造成经济损失,次日长治市各家保险公司共接到车险报案1.82万起,估损金额约4714万元;企财险报案46起,估损金额约200万元。据民政部门统计,此次冰雹天气过程造成长治市85855人受灾,农作物受灾11419.7 hm^2,绝收907.6 hm^2;一般损坏房屋121间,严重损坏31间,倒塌房屋7间;直接经济损失3962.95万元。随着承灾体范围的扩大及其经济价值的增长,雹灾引起的损失还在不断增加。雹灾突发性强、破坏性大,一直以来都是气象预报与防灾、减灾的难点,频发的雹灾对冰雹预报和防御提出了迫切的要求,已引起政府和学者们的高度重视,掌握山西冰雹天气的特点与规律,提高对冰雹预报预警能力对防雹减灾具有重要意义。

第 2 章　山西冰雹的时空分布特征

山西地处黄土高原东部、黄河中游,地貌可分为东部山地、西部高原山地和中部断陷盆地3大部分。东部山地位于山西东部及东南部,西部高原山地位于黄河与中部断陷盆地之间。中部断陷盆地呈东北—西南向纵贯于山西中部,包括大同、忻州、太原、临汾、运城五大彼此相隔的断陷盆地。山西省辖区内由北向南有大同、朔州、忻州、吕梁、太原、晋中、阳泉、临汾、长治、运城、晋城11个市,气候属暖温带、温带大陆性气候,冬寒夏暖,四季分明,南北差异较大,冰雹天气的时空分布极不均匀。为了总结山西省冰雹天气的发生规律,利用山西省属气象站建站以来1956—2017年的逐日冰雹资料,对山西冰雹的时空变化特征进行了分析,主要从山西冰雹日数的空间分布特征、冰雹日数与海拔高度的关系,以及冰雹天气日数年、月、日变化特征等方面入手,探讨山西省冰雹的时空分布特征。

采用的资料是山西省气象信息中心归档的全省范围地面观测资料中的天气现象日数据,数据长度为1956—2017年,资料范围包括基准站、基本站和一般站,共计109站。该资料记录了冰雹发生时间,但没有记录冰雹直径。对于冰雹数据处理采用了以下原则:不论某站某一日出现了多少次冰雹,均记为该站1个冰雹日。

2.1　山西冰雹的空间分布特征

图2.1给出了1956—2017年山西省109个测站冰雹发生的总日数。图2.2给出了山西省冰雹发生日数分布。由图可见,在空间分布上,山西冰雹的地区差异较大,呈北多南少、东多

测站数据											
大同市	150	阳高	91	天镇	156	左云	90	浑源	153	广灵	85	灵丘	173	大同	84	朔州市	118	山阴	127
应县	88	平鲁	125	右玉	146	怀仁	122	忻州市	70	定襄	33	原平	100	宁武	138	代县	66	河曲	152
保德	103	偏关	101	五寨	170	静乐	100	繁峙	94	岢岚	153	神池	158	五台山	586	五台	133	太原市	67
阳曲	67	清徐	53	古交市	35	娄烦	60	尖草坪	43	小店	42	阳泉市	118	平定	98	盂县	142	晋中市	45
寿阳	105	昔阳	116	和顺	158	左权	109	榆社	85	太谷	54	祁县	43	平遥		介休	49	灵石	33
离石市	53	交城	55	文水	38	汾阳	57	孝义	32	临县	74	中阳	45	兴县	59	岚县	84	方山	
柳林	24	交口	48	石楼	51	临汾市	25	洪洞	31	霍州	34	襄汾	10	汾西		古县	35	隰县	
大宁	31	永和	37	蒲县	50	吉县	49	乡宁	59	安泽		浮山	35	翼城	32	侯马市	29	曲沃	16
运城市	20	临猗	19	永济	7	平陆	16	芮城	21	垣曲	25	万荣		河津	20	稷山	24	闻喜	17
夏县	18	绛县		新绛	15	长治	55	潞城	62	襄垣	68	武乡	89	沁县	89	沁源	91	屯留	43
长子	76	壶关	92	黎城	71	平顺	100	晋城市	46	沁水	63	高平	82	阳城	38	陵川	127		

图2.1　1956—2017年山西各站冰雹发生总日数(d)

西少的格局,冰雹主要出现在北部和东部的山区,全省冰雹出现次数由东北向西南依次减少,62年间冰雹日数高发站有7个中心,分别是五台山586次、五寨170次、和顺158次、天镇156次、大同150次、右玉146次、陵川127次;忻州的五台山是冰雹日出现最多的站,平均每年为9.5 d,运城的永济是冰雹日最少的站,62年里总计出现了7次,最多的冰雹日站五台山是最少站永济的83.7倍。平均每年冰雹发生日≥2 d的站占全部站数的15.6%,主要分布在大同、朔州、忻州、阳泉以及晋中和晋城的东部山区。大部分站点平均每年冰雹日不足2 d,62年间冰雹总日数不到20 d的站点主要分布在运城、临汾盆地。冰雹发生日数山地明显高于盆地,这与张芳华等(2008)冰雹分布大体沿山系伸展的结论是一致的。

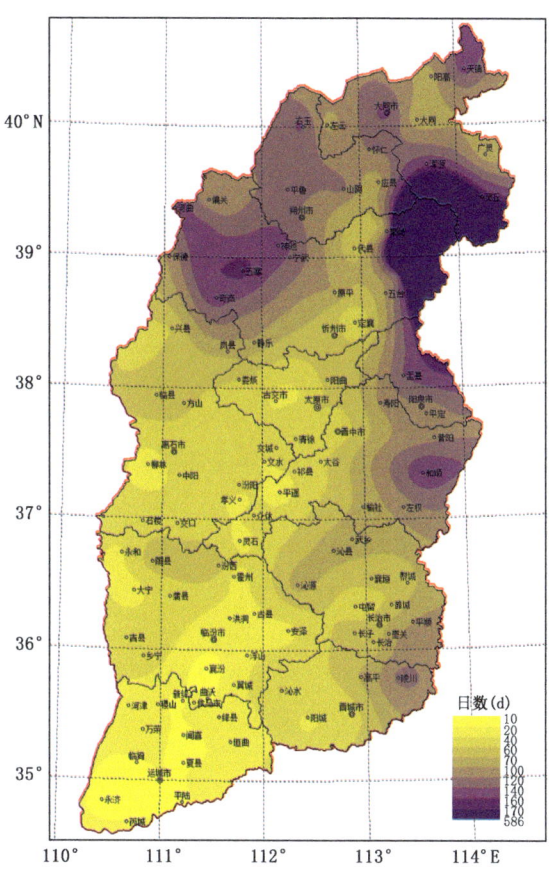

图2.2 1956—2017年山西省冰雹发生日数分布

2.2 冰雹发生日数与海拔高度的关系

由冰雹的空间分布可以看出,冰雹发生日数与海拔高度有关。为了更清楚地研究两者的关系,图2.3给出了冰雹发生日数与海拔高度的对应统计关系。由图可见,冰雹发生日数与海拔高度有很好的对应关系,高海拔站点冰雹日数多,低海拔站点冰雹日数少。全省冰雹日数最多的7个站的海拔高度分别是五台山站2208.3 m(五台山站1998年1月1日迁站前海拔高度 2895.8 m,迁站后海拔 2208.3 m)、五寨 1401.0 m、和顺 1265.7 m、天镇 1013.9 m、大同 1066.7 m、右玉 1345.8 m、陵川 1311.6 m;冰雹发生日数最少的永济站,海拔高度也最低,为 354.1 m。

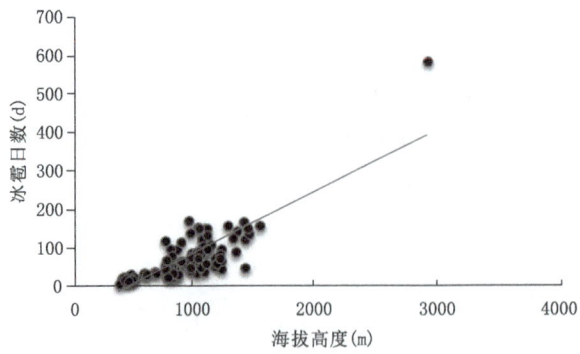

图 2.3　1956—2017 年山西各站冰雹发生日数与海拔高度对应关系散点图

2.3　山西冰雹的年变化特征

图 2.4 给出了 1956—2017 年山西省冰雹发生站次的年际变化。由图可见,山西冰雹发生站次的年际差异较大,有的年份冰雹日数多,有的年份冰雹日数少。

冰雹发生站次数相对多的年份有 1959 年(233 d)、1965 年(209 d)、1967 年(189 d)、1970 年(198 d)、1973 年(232 d)、1979 年(178 d)、1980 年(198 d)、1982 年(217 d)、1985 年(255 d)、1987 年(203 d)、1990 年(214 d)、1996 年(159 d)、1998 年(132 d)、1999 年(122 d)、2001 年(134 d)、2002 年(133 d)、2006 年(103 d)、2008 年(125 d)。

冰雹发生站次相对少的年份有 1958 年(87 d)、1961 年(93 d)、1989 年(79 d)、1994 年(89 d)、2000 年(84 d)、2005 年(55 d)、2007 年(53 d)、2009 年(33 d)、2010 年(45 d)、2012 年(41 d)、2017 年(67 d)。

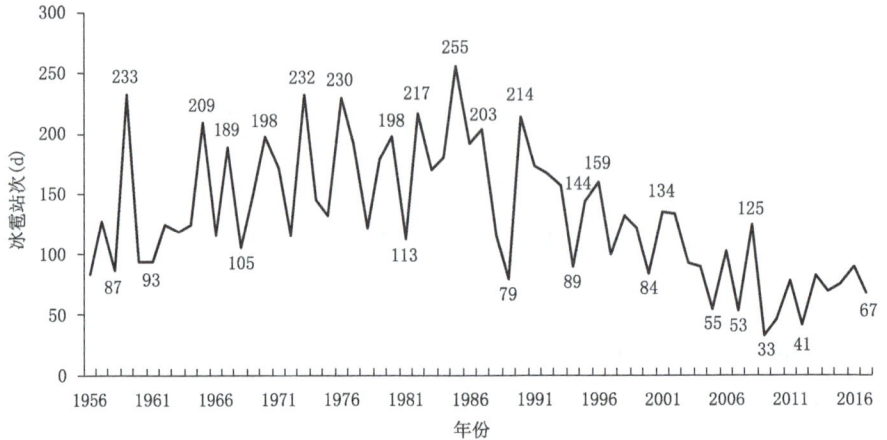

图 2.4　1956—2017 年山西省冰雹站次年际变化

总的说来,1956—1990 年冰雹发生站次较多,且呈增加的趋势,1991 年之后冰雹发生站次显著减少,且呈现出减少的趋势。

2.4 山西冰雹的月变化特征

图 2.5 给出了 1956—2017 年山西省冰雹发生站次的月际变化。由图可见,冰雹主要集中在 6—8 月,6 月最多,7 月次之,8 月再次之,3 个月的冰雹发生站次占总站次的 66%,冬季(12月至次年 2 月)全省基本无冰雹天气发生。

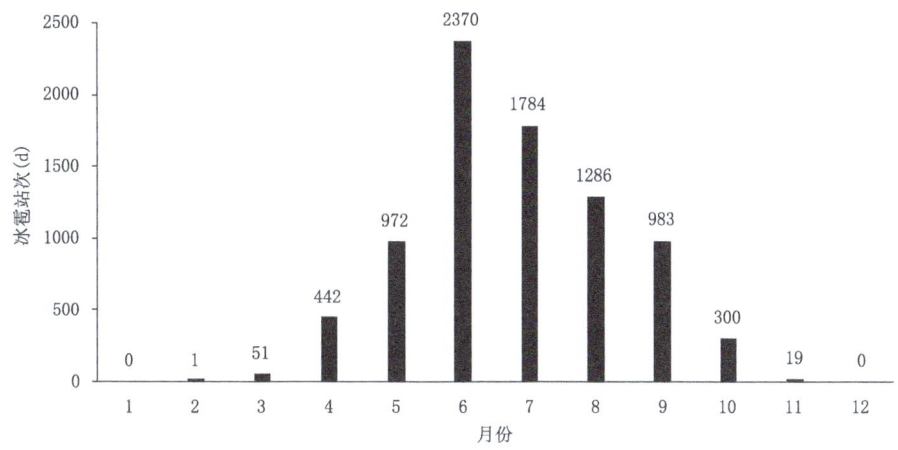

图 2.5　1956—2017 年山西省冰雹站次月际变化

2.5 山西冰雹的日变化特征

图 2.6 给出了 1956—2017 年山西省冰雹发生站次的日分布。由图可见,山西冰雹主要发生在下午到傍晚,发生在 12—21 时的冰雹站次占总站次的 94%,冰雹集中发生的时段是 14—20 时,冰雹最多发生的时段是 16—17 时。

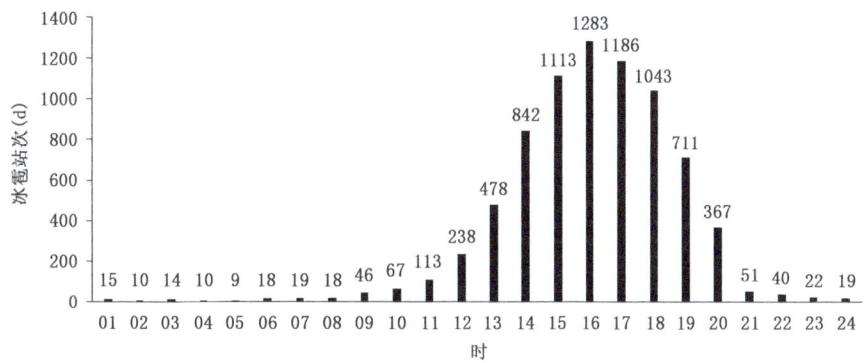

图 2.6　1956—2017 年山西省冰雹站次日变化

2.6　山西大冰雹分布特征

天气预报业务中通常把直径≥2 cm的冰雹作为大冰雹，把＜2 cm的冰雹作为小冰雹。山西省山地多、海拔高度差异大，既有大冰雹亦有小冰雹，虽然小冰雹发生较为频繁，但造成严重灾害的往往是占比较小的大冰雹。由于大冰雹给农业、建筑、通信、电力、交通以及牲畜生命带来的危害尤为严重，伤人的案例也屡见不鲜，对人民生命财产安全造成的威胁更为严重，因此有必要专门对大冰雹天气过程进行研究。

依据某日全省至少有一站出现直径≥2 cm的冰雹，选出2008—2019年的23个大冰雹日个例。大冰雹个例的选取除了采用气象站的冰雹观测数据，还采用了山西省气候中心提供的灾情报告。表2.1给出了23个大冰雹个例的天气概况，包括大冰雹站点、冰雹直径、发生时间、伴随天气现象、所属环流类型等信息。23个大冰雹日中共有大冰雹站点33个。

表 2.1　大冰雹个例天气概况

日期	大冰雹站点	冰雹直径	发生时间	伴随天气	环流类型
20080627	应县	鸡蛋大			蒙古冷涡东部型
20080701	平定	40～50 mm	15:00—18:00	短时强降水、雷暴大风	蒙古冷涡东部型
20110713	平定	21 mm	17:16—17:42	短时强降水、雷暴大风	蒙古冷涡东部型
20110715	太原	22 mm	20:00	短时强降水、雷暴大风	蒙古冷涡西部型
	神池	20 mm			
	新绛	核桃大			
20110716	阳泉	鸡蛋大		短时强降水	蒙古冷涡西部型
	平定	25 mm	16:06	短时强降水、雷暴大风	
	河津	20 mm	18:53—18:59		
20110717	长子	核桃大		短时强降水、雷暴大风	蒙古冷涡西部型
20110718	吉县	20 mm	13:47—14:00		蒙古冷涡西部型
20150714	忻州	鸡蛋大	17:00		蒙古冷涡西部型
20160604	陵川	40 mm	18:10	短时强降水	蒙古冷涡西部型
	永济	20 mm	18:50—19:30		
20170811	阳泉	40 mm	15:54		蒙古冷涡西部型
20080517	大宁	20 mm	14:30		东北冷涡横槽型
	阳城	100 mm	15:50		
20080628	保德	20 mm		短时强降水、雷暴大风	东北冷涡横槽型
	兴县	20 mm			
20160613	陵川	20～30 mm		短时强降水、雷暴大风	东北冷涡横槽型
	寿阳	30 mm	20:30		
	壶关	22 mm		雷暴大风	
	长治	45 mm		雷暴大风	

续表

日期	大冰雹站点	冰雹直径	发生时间	伴随天气	环流类型
20160629	陵川	40 mm		短时强降水	东北冷涡横槽型
20170515	运城	核桃大			东北冷涡横槽型
20081004	吉县	核桃大	15:00—15:58		高空槽型
20110606	清徐	30 mm			高空槽型
20130625	交城	60~80 mm	15:00	雷暴大风	高空槽型
20140616	五台山	20 mm	19:00—20:00		高空槽型
20160427	新绛	20 mm	14:30		高空槽型
20170714	稷山	核桃大			副热带高压边缘型
	河津	20 mm		雷暴大风	
20130811	襄汾	乒乓球大			副热带高压边缘型
20100602	黎城	35 mm			高空脊前切变型

23个大冰雹日中，环流形势蒙古冷涡西部型有7次、蒙古冷涡东部型3次、东北冷涡横槽型5次、高空槽型5次、副热带高压边缘型2次、高空脊前切变型1次。蒙古冷涡型的大冰雹天气环流，冷涡多在山西西北上游，中心距离山西比较近，山西处于500 hPa冷涡槽前西南气流中，湿层深厚。有时山西北中部甚至包含在冷涡中，在冷涡的东南象限，例如2011年7月16日、2017年8月11日的大冰雹天气。冷涡距离山西越近，越容易出现大冰雹。高空槽型的大冰雹天气环流，山西处于高空槽前西南气流中，湿层较厚。副热带高压边缘型的大冰雹是副热带高压与西风槽相互作用的结果，山西处于西风槽前副热带高压边缘的西南气流中。不论是什么环流型，大冰雹天气共同的特点是湿层厚、水汽足、湿层高度高，利于雹粒在高空中长大，形成大冰雹。

统计2008—2019年山西大、小冰雹站数的比例，发现山西小冰雹多发，大冰雹较少出现。2008—2019年山西总冰雹站次共845个，其中大冰雹站次只有33个，大冰雹站数仅占总冰雹站数的3.9%，这可能与山西的地形条件有关，山西的山区面积占总面积的80.1%，平均海拔高度在1500 m以上，这样的地形条件更利于抬升，从而有利于冰雹发生，但冻结高度相对低，不利于冰雹直径的增长(Li et al.，2018)。从大冰雹的空间分布(图2.7)可见，大冰雹在盆地比山区多发，且容易发生在陡峭山地与盆地或河谷的交界处。大冰雹在阳泉盆地、太原盆地、长治盆地、临汾盆地和运城盆地出现较多，在地处吕梁山与黄河交界处的保德、兴县、大宁、吉县等地也易出大冰雹，此外还有少量的大冰雹出现在五台山、神池、陵川等高海拔山区。Li等(2018)统计发现，中国山区比平原年平均冰雹频率大，而最大冰雹直径则与地形高度呈反相关，平原大冰雹比山区多。山西大冰雹虽然也是在海拔相对低的盆地多发，但山西的盆地是高原上的低洼地带，与Li等(2018)所言的平原是有差异的，海拔高度相对平原依然较高。

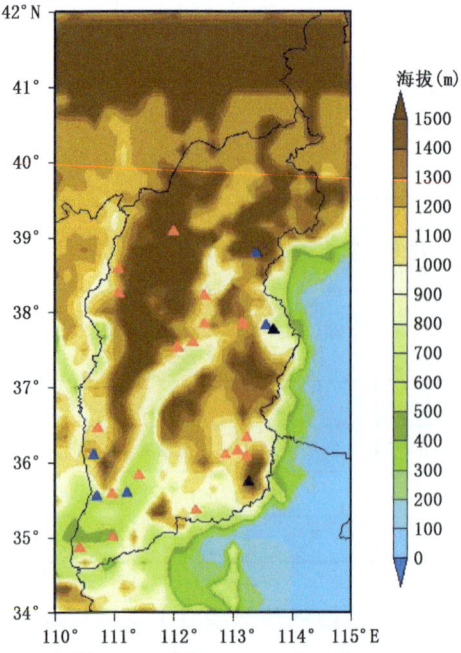

图 2.7 山西 23 个大冰雹日中 33 个大冰雹站点分布图
（黑色三角表示发生过 3 次大冰雹、蓝色三角 2 次、红色三角 1 次）

第 3 章　山西冰雹天气环流分型

冰雹是由中小尺度对流系统直接产生的强对流天气，但中小尺度对流系统的发生、发展与消亡过程都受大尺度天气环流形势演变和高低空天气系统配置结构的制约。天气形势的演变决定着大气层结的不稳定度、垂直运动、水汽输送的强弱以及垂直风切变的大小。由环流形势和天气系统配置所导致的对流条件的差异，直接影响冰雹的分布和强度，因此分析天气环流形势是做好冰雹预报的基础和前提。

为了总结山西省冰雹天气的环流形势特征，选取山西省 2008—2019 年冰雹发生站点多、造成灾害严重的冰雹日作为典型个例进行研究，共选出 67 个冰雹日作为样本。所用的冰雹实况资料包括了冰雹站点观测和灾情报告。冰雹站点观测实况是山西省 109 个基准气象站整点时次的冰雹观测资料，由山西省气象信息中心提供并进行了质量控制。每个整点时次的记录为整点时次之前 1 个小时内是否出现冰雹天气的观测结果。灾情报告由山西省气候中心提供。

收集了 67 个典型冰雹天气个例的自动站、区域站、多普勒雷达、卫星等多种气象常规和非常规观测资料，以及再分析资料、数值预报产品、集合预报产品等多种资料。利用中国国家气象中心 MICAPS4 综合资料系统的强天气分析平台，参照国家气象中心"中尺度天气分析规范"，对这些冰雹个例的天气形势配置和环境场进行了综合分析，对冰雹天气发生发展的热力、动力条件和触发机制进行了详细分析，探索冰雹产生的环境条件，归纳了山西省冰雹天气环境流场的特点和规律。

按照 500 hPa 天气尺度的影响系统，把 67 个冰雹天气个例分为蒙古冷涡型、高空槽型、东北冷涡横槽型、副热带高压边缘型、西北气流型和高压脊前切变型 6 种类型。

在 67 个个例中，6 种类型发生的次数及比例分别为蒙古冷涡型 23 次，占总数的 34%；高空槽型 23 次，占总数的 34%；东北冷涡横槽型 11 次，占总数的 16%；副热带高压边缘型 5 次，占总数的 8%；西北气流型 3 次，占总数的 5%；高压脊前切变型 2 次，占总数的 3%（图 3.1）。可见，山西的冰雹天气大多发生在蒙古冷涡和高空槽形势下。

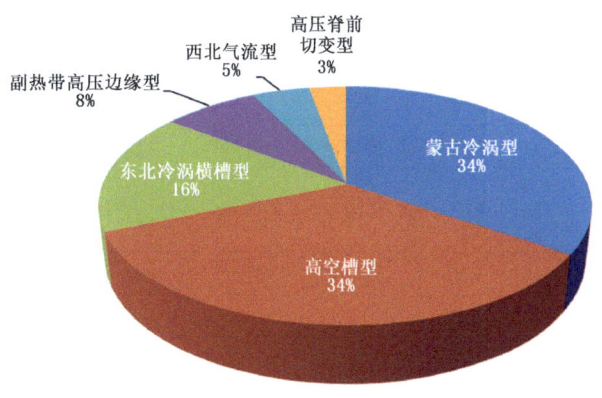

图 3.1　2008—2019 年山西省冰雹天气形势分型分布

3.1 蒙古冷涡型

蒙古冷涡一般指 500 hPa 高度上出现在蒙古国或我国内蒙古上空的闭合冷性低涡,其中心比四周冷。蒙古冷涡型是造成山西冰雹的主要天气类型之一,约占总数的 34%。表 3.1 给出了蒙古冷涡型的 23 个冰雹天气个例。蒙古冷涡型主要环流特点是 500 hPa 中高纬度地区环流经向度大,一般为两槽两脊型,在巴尔喀什湖、贝加尔湖附近各为一个暖高压脊控制,两脊之间蒙古国上空有切断的闭合冷性低涡系统,日本海有低槽。蒙古冷涡一般发展比较深厚,通常可以向下延续到 700 hPa 或 850 hPa,有时还会有地面气旋配合。冷涡具有较强的斜压结构,在 500 hPa 或 700 hPa 上温度槽落后于高度槽,在冷涡底部和后部形成极强的冷平流,引导上游来自极地的干冷空气南下,造成高空温度低、湿度小的环境,当低层有加热增湿时,容易形成"上干冷、下暖湿"的不稳定层结,中高空的冷平流进一步加剧了层结不稳定,在不稳定区域容易产生冰雹、雷暴等强对流天气。山西的冰雹天气一般发生在蒙古冷涡以南的冷、暖空气交界处。

如果蒙古冷涡以北或以东有阻塞高压形势形成并维持时,蒙古冷涡在东移过程中受到暖高压脊阻挡,容易停滞少动,给山西带来连续的冰雹天气。

对比研究发现,蒙古冷涡的位置与山西冰雹的落区和强度有较明显的关系,因此又将蒙古冷涡型分为西部型和东部型。

表 3.1 蒙古冷涡型冰雹个例天气概况

日期	冰雹站点	发生时间	伴随天气
20080603	太原、榆次、陵川、寿阳		
20080626	盂县、寿阳、山阴		
20080627	应县		
20080629	兴县、五寨		兴县伴短时强降水
20080630	怀仁、山阴		
20080701	平定	15:00—18:00	短时强降水、雷暴大风
20090516	万荣、盂县		
20100710	大同、广灵、天镇、偏关	偏关 18:12—18:17	
20110713	平定	17:16—17:42	短时强降水、雷暴大风
20110715	神池、太原、清徐、榆次、新绛、襄汾	太原、清徐、榆次 20:00 左右	短时强降水、雷暴大风
20110716	阳泉、平定、河津	平定 16:06,河津 18:53—18:59	阳泉伴短时强降水,平定伴短时强降水和雷暴大风
20110717	长子		短时强降水、雷暴大风
20110718	吉县	13:47—14:00	
20120601	平定、太原、怀仁、高平	平定 16:00,怀仁 03:00,高平 23:00	平定伴雷暴大风
20130802	右玉、神池、朔州、广灵	广灵 16:40—17:05	神池伴雷暴大风
20140621	五台、代县、和顺、榆社、天镇		五台、代县伴短时强降水

续表

日期	冰雹站点	发生时间	伴随天气
20140716	夏县、陵川、大同	夏县 15:35—15:48,陵川 15:20—15:40,大同 16:52—16:57	
20150714	忻州	17:00	
20160604	陵川、永济	陵川 18:10,永济 18:50—19:30	短时强降水
20160628	大同县、寿阳、左权、黎城、陵川、广灵	大同县 14:58—15:00,寿阳 13:39—13:41,左权 13:37—13:38,黎城 14:32—14:45,陵川 19:22—19:31	
20170805	岚县、河曲、阳高、五台山、灵丘	岚县 03:00,河曲 17:04,阳高 17:40,五台山 19:42—19:47,灵丘 18:19—18:24	岚县伴短时强降水
20170811	阳泉	15:54	
20190607	忻州、原平、阳曲、盂县、阳泉		伴雷暴大风

3.1.1 蒙古冷涡西部型

蒙古冷涡西部型是指 500 hPa 冷涡中心位置在 110°E 以西的蒙古国中西部或内蒙古中西部,多数情况下山西受冷涡槽前的西南气流控制,且西南或偏南气流深厚,向上可延伸至 200 hPa,向下可达 700 hPa。特别是当冷涡以北的贝加尔湖或其以西地区有阻塞高压形成,将蒙古冷涡南压至河套地区,山西处于蒙古冷涡的东南象限时,强对流天气特别强,容易出现大冰雹,且多伴有短时强降水和雷暴大风等强对流天气。

2011 年 7 月 15—18 日的连续冰雹天气过程就是发生在蒙古冷涡西部型的环流形势下,以这次过程为例分析蒙古冷涡西部型的环流特点。这次冰雹过程,500 hPa 中高纬度地区环流形势是两脊两槽,贝加尔湖到我国东北的广阔地区有一个强大的暖高压或暖脊,新疆到河西则是另一个暖脊,蒙古冷涡停留在两个暖脊之间。贝加尔湖暖高压阻滞了贝加尔湖以西深厚冷槽的东移,槽后冷空气只能沿偏北气流不断分裂南下,加深了蒙古冷涡的发展南压。此外,东部低纬度海上热带风暴的生成与北上也起到了阻挡作用,使得蒙古冷涡在河套北部停滞少动,山西持续处于冷涡槽前的西南气流控制中(图 3.2),对应的 700 hPa 和 850 hPa 上山西也受槽前西南气流控制,整层气流相对暖湿,冷涡在不断旋转过程中引导涡后较强冷空气南下,与山西原来相对暖湿的空气激烈交汇,带来连续 4 d 的冰雹强对流天气。

15 日 08 时 500 hPa 蒙古冷涡中心在河套地区,距离山西很近,冰雹发生在涡底槽前的西南气流中。神池、太原、清徐、榆次、新绛、襄汾出现了冰雹,冰雹直径分别是太原 22 mm、神池 20 mm、襄汾 5 mm,新绛冰雹大如核桃,清徐伴有雷暴大风和短时强降水。

16 日蒙古冷涡较 15 日进一步南下,山西北中部被冷涡中心控制,处于冷涡的东南象限,这天冰雹、雷暴大风、短时强降水 3 种强对流天气都有发生,是连续 4 d 强对流天气最强的一天。15:13—15:42 左权、应县、山阴出现了冰雹,左权、应县伴有雷暴大风,山阴伴有短时强降水;16:00 阳泉、平定降冰雹,阳泉冰雹大如鸡蛋,并伴有短时强降水,平定冰雹直径 25 mm,并伴短时强降水和雷暴大风;18:53—18:59 河津降冰雹,直径达 20 mm;20:00 稷山、祁县降冰

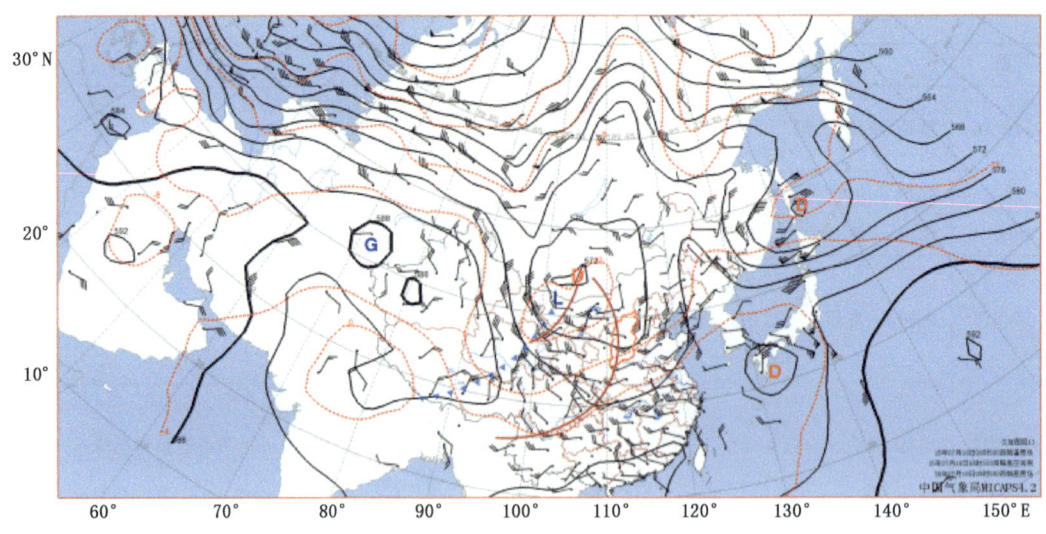

图 3.2　2011 年 7 月 15 日 500 hPa 高空图

雹,并伴有雷暴大风。可见对流天气的强弱与距冷涡中心的距离和位置有关,处于冷涡控制下的强对流天气强度最强,最易出现大冰雹。

17—18 日,受东部沿海热带风暴活动影响,蒙古冷涡位置少动,但强度有所减弱,山西仍旧处于冷涡槽前西南气流中。17 日灵石、娄烦、绛县、长子降冰雹,长子冰雹大如核桃,且伴有雷暴大风和短时强降水。18 日 13:47—14:00 吉县降冰雹,最大直径达 20 mm,21:37—23:25 大宁降冰雹,并伴有短时强降水和雷暴大风。

低层切变线和地面辐合线为此次冰雹天气提供了动力抬升条件。低层 700 hPa 和 850 hPa 存在切变线,切变线两侧有不同方向风的辐合,气流交汇处形成辐合上升运动。低层东部海上热带风暴外围的偏东气流吹向山西,加剧了低层气流的汇合。地面上,强对流天气发生前山西上游河套地区有热低压或热倒槽,我国东北地区的高压分裂冷空气自东北路侵入山西,冷、暖空气在山西交汇,形成了中尺度辐合线,是强对流的地面触发系统。海平面气压场叠加云图可以看出,在地面冷空气入侵处有对流云团发展加强。200 hPa 有高空西南急流穿过低空辐合区上空(图 3.3)。中高层与冷涡系统配合有大的正涡度区,山西位于大的正涡度平流区。这种低层辐合、高层辐散的配置以及冷涡槽前正涡度平流产生的上升运动都是强对流发展的动力条件。

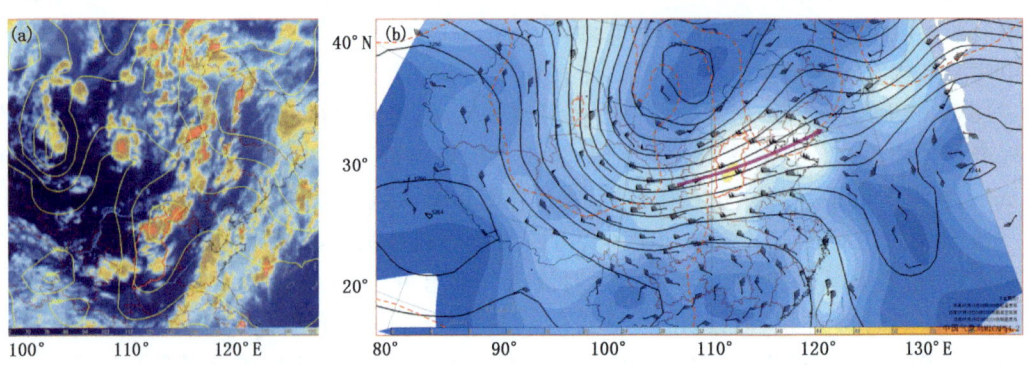

图 3.3　2011 年 7 月 15 日 17 时云图与海平面气压场叠加图(a)和 08 时 200 hPa 高空图(b)

第 3 章 山西冰雹天气环流分型

从水汽和热力条件来看,冰雹天气发生前,08时地面实况上山西有雨和雾,说明山西近地面湿度大,从08时太原探空曲线(图3.4)可以看到,650 hPa以下湿度较大,650 hPa以上湿度小,层结上干下湿,处于不稳定状态。500 hPa以下的对流层中下层有明显暖平流,可进一步加剧不稳定度。15日太原冰雹发生在20时,因此20时的探空曲线反映的是冰雹发生时的环境条件,700~250 hPa CAPE值达1331 J/kg,表明中高层对流不稳定能量充足,有利于对流风暴向较高的高度发展,产生大冰雹。600~400 hPa之间的湿度较08时明显减小,500 hPa风速明显增大,说明中高层有干空气侵入,加大了层结的不稳定度和高低空垂直风切变,促进了深对流的发展。

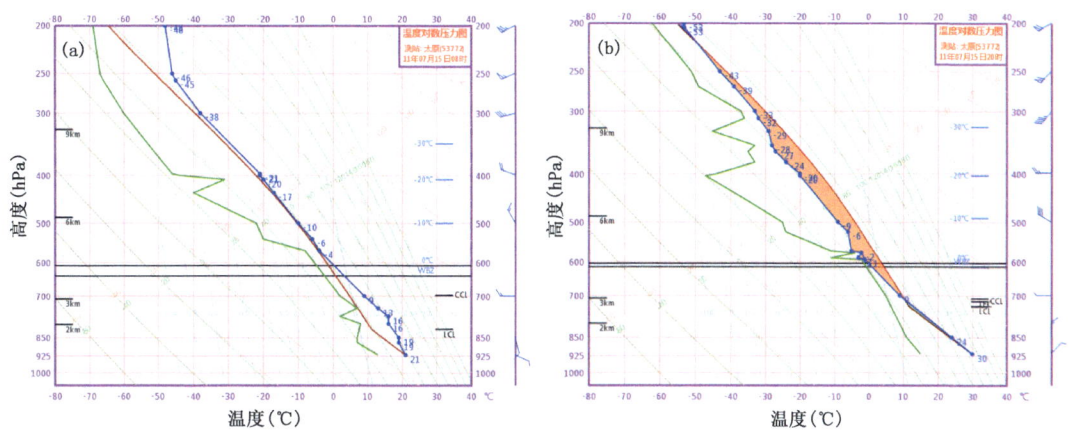

图 3.4 2011 年 7 月 15 日 08 时(a)和 20 时(b)太原探空曲线图

3.1.2 蒙古冷涡东部型

蒙古冷涡东部型天气系统中,500 hPa冷涡中心在110°E以东的蒙古国东部,山西处于冷涡槽后的西北或偏西气流中,中空通常有西北或偏西急流,引导上游干冷空气南侵,低层通常有偏南或西南暖湿气流向山西输送,高空冷平流与低空暖平流在山西上空叠加,再加上白天地面辐射升温,使冷涡的斜压性增大,形成"上干冷、下暖湿"的不稳定层结,有利于对流的发展。在地面干线或者辐合线的触发下产生上升运动,导致冰雹等强对流天气。冰雹易出现在冷涡底部中空急流通过的山西北中部地区。

蒙古冷涡东部型200 hPa多数有高空偏西急流,冰雹发生在高空急流北侧的气旋性曲率大值区;500 hPa蒙古冷涡底部通常有偏西急流,有时有前倾槽,850 hPa我国西北地区有暖温度脊伸向山西,高低空温差大,层结不稳定,垂直风切变也大,有利于对流组织化发展;地面上一般有河套倒槽或者锋面气旋,山西处于倒槽前部或锋前暖区,西来的倒槽或气旋大多干热,与东来相对湿冷的两种不同属性气团在山西相遇,形成地面中尺度辐合线或者干线,起到低层扰动抬升的作用,触发对流。在卫星云图上,通常影响山西的是冷涡云系尾部甩下来的分散孤立对流云团。

2008年6月26—30日的连续冰雹天气过程就是蒙古冷涡东部型。500 hPa贝加尔湖以东的广阔地区有庞大的阻塞高压形成,阻塞高压将冷涡封锁在内蒙古东部,稳定少动,持续影响山西(图3.5a)。受冷涡及其南部短波槽的影响,26—30日山西连续出现冰雹天气,冰雹大多发生在太原以北的北中部地区,其中 27 和 28 日有直径大于 20 mm 的大冰雹出现。

26 日 08 时 500 hPa 蒙古冷涡底部有西北风急流穿过山西中部,最大风速达 20 m/s,850 hPa 有强大的暖脊从青藏高原北侧向山西伸展,暖中心温度达 32 ℃,山西及其西部的上游地区 850 hPa 与 500 hPa 温差大于 30 ℃,最大温差达到 39 ℃,温度垂直直减率很大,层结极其不稳定。对应在 700 hPa 上也有暖脊自高原伸向山西,地面上山西上游地区有热低压。850 hPa 山西的西北部有切变线,冰雹发生在 500 hPa 急流左侧和 850 hPa 切变线南侧之间的区域。

27 日应县、朔州、黎城、潞城、壶关降冰雹,应县的冰雹大如鸡蛋,黎城伴有短时强降水。27 日 08 时 500 hPa 从蒙古冷涡中心向西南方向伸展的槽线压在山西北部(图 3.5a),对应在 700 hPa 和 850 hPa 山西北中部有切变线,850 hPa 北上的热带低压中心抵达江西,其外围偏东风吹向山西东南部,在山西东南部形成了气流辐合,导致黎城、潞城、壶关冰雹和短时强降水发生。温度场上 700 hPa 和 850 hPa 仍然有暖脊从高原伸向山西,山西及其西部上游地区的高低空温差大,850 hPa 与 500 hPa 温差大于 30 ℃,形成了有利于冰雹强对流发生的不稳定层结。

28 日的强对流天气最强,保德、兴县、岢岚、代县、忻州、原平、太原、榆次降冰雹,其中保德、兴县有直径大于 20 mm 的大冰雹,兴县、岢岚、忻州、太原伴有短时强降水;代县伴有短时强降水、雷暴大风和地质灾害,降水夹杂冰雹持续了 28 min;原平伴有雷暴大风;榆次伴有短时强降水和雷暴大风;忻州 15:58—16:05 和 17:31—17:36 两次降雹,并伴有短时强降水。29—30 日强对流天气减弱,29 日应县、五寨有冰雹,应县还伴有短时强降水;30 日怀仁、山阴有小冰雹。

26—30 日 08 时太原探空图上,近地层都有逆温,都有对流抑制能量。逆温层之上温度露点差增大,为相对干区,逆温层下部为湿区,逆温层可将低空潮湿空气和对流层中上部较干燥的空气分隔开,形成干暖盖,使近地层不稳定能量累积,当有较强扰动引起气流抬升,触发不稳定能量释放时,促进深对流发展。干暖盖是强天气前期的一个重要特征(寿绍文 等,1993)。

地面辐合线和干线为这次冰雹天气过程提供了触发动力条件,27—28 日我国西北地区东部有地面干热低压东移并逐步加深发展,到 28 日 17 时位于甘南川北一带的热低压中心气压达 992.5 hPa,山西处于低压环流东北象限的暖锋前偏南气流中,山西境内有地面中尺度辐合线。冰雹、短时强降水和雷暴大风等强对流天气就发生在锋前暖区的地面中尺度辐合线附近。由海平面气压场叠加温度露点差的分布(图 3.5b)可见,热低压内部是干区,低压以东是湿区,在低压前缘形成了干线,干线是雹暴的直接触发系统。08 时地面上山西大部分地区有轻雾,表明山西大部分地区层结稳定且近地面空气湿度大,随着热低压的东移,其前部的干线移到山西,引起地面气流辐合上升,触发强对流,产生了大冰雹。29—30 日随着地面热低压的减弱,强对流天气也明显减弱。

2011 年 7 月 15—18 日的蒙古冷涡西部型和 2008 年 6 月 26—30 日的蒙古冷涡东部型两次连续冰雹天气过程的共同特点是蒙古冷涡北侧都有阻塞高压,低纬度东部海上都有热带低压或热带风暴,其外围偏东风吹向山西,阻塞高压和热带低压共同形成了东阻形势,阻碍了蒙古冷涡系统的东移,使冷涡停滞少动持续影响山西,导致山西发生连续冰雹天气。另外,低纬度台风或热带风暴外围吹向山西的偏东风有利于低层气流的辐合上升和水汽补充,是产生大冰雹的原因之一。

第3章 山西冰雹天气环流分型

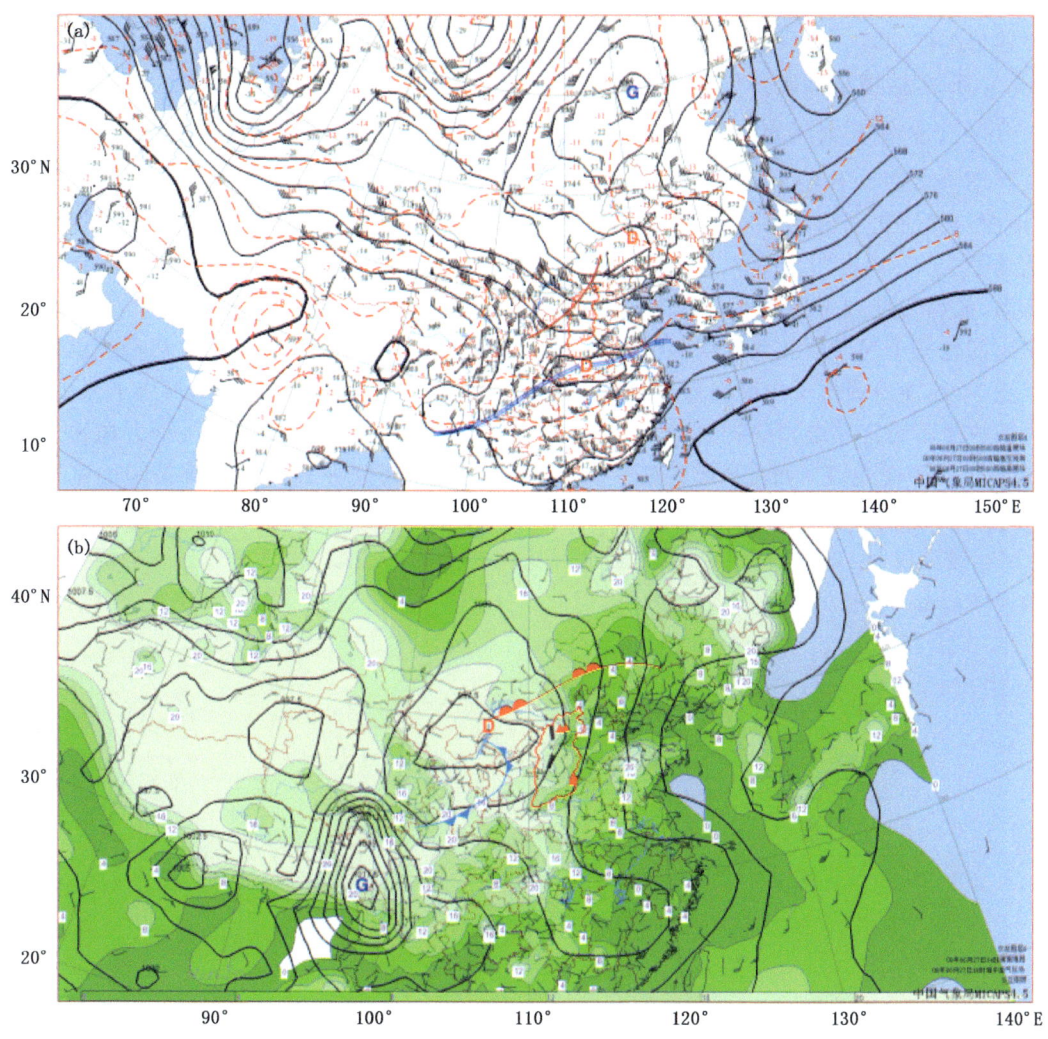

图 3.5　2008 年 6 月 27 日 08 时 500 hPa 高度场(a)和海平面气压场叠加地面 $T-T_d$(b)

3.1.3　典型个例:2016 年 6 月 4 日冰雹天气

　　2016 年 6 月 4 日的冰雹天气过程是蒙古冷涡型的典型个例。据气象站观测,山西中南部的石楼、灵石、左权、沁县、平顺、襄垣、潞城、壶关、长治县、吉县、万荣、临猗等 12 站出现了冰雹,其中长治县冰雹直径最大,达 15 mm,且伴随有短时强降水,15:00—16:00 降水量达 49 mm。临猗、壶关伴随出现了 8~9 级的瞬时大风,壶关风速达 23 m/s。此外,全省出现了大范围强对流天气,共有 70 站出现雷暴,长治、方山、中阳、临猗、平陆等 5 站出现了短时强降水。据灾情报告统计,平定、长子、陵川、高平、永济等县(市)也遭受了冰雹袭击,其中 18:10 陵川降冰雹,最大直径达 40 mm,并伴随有短时强降水,18:50—19:30 永济出现了直径达 20 mm 的冰雹,长子伴有短时强降水和雷暴大风。这次冰雹天气过程是一次冰雹、短时强降水、雷雨大风皆有的混合性强对流天气,冰雹站数多,短时强降水和大风站数少。由于正值果园挂果、小麦成熟季,强对流天气使农作物受到严重毁损,冰雹打断了树枝、树叶,刚挂果的苹果、梨、杏被打落一地,小麦、玉米、设施蔬菜等也遭受严重灾害,许多农户屋顶和窗户玻璃被冰雹砸烂,村村通公路被冲毁。据保监局接受报案统计,此次灾害涉及农作物面积 3.17 万 hm^2,受灾农户 11.8 万户,估损金额达到 5157.85 万元。

3.1.3.1 冰雹天气发生发展的环境背景

2016 年 6 月 4 日 08 时 500 hPa 等压面上,在山西西北部上游的内蒙古中部形成了冷涡中心,山西北部偏北风和偏西风形成了气旋式切变,中南部处在冷涡底部西北急流控制中,西北风达到了 18 m/s,有明显冷平流(图 3.6)。与 500 hPa 对应,700 hPa 和 850 hPa 河套北部均有低涡,低涡切变线位置明显落后于 500 hPa,中低层系统存在明显的前倾结构。700 hPa 山西中南部也处于涡后西北急流控制中,西北风也达到了 18 m/s,850 hPa 则在切变线以南的西南气流中,地面冷锋位于中蒙交界,山西处于锋前的暖低压带中,山西中南部形成了低层暖、高层冷的热力不稳定层结,且高低空垂直风切变较大,同时,500 hPa 和 700 hPa 西北风输送冷平流,850 hPa 切变线以南西南风输送暖平流,上下层的温度差动平流进一步维持和加剧这种不稳定。冰雹落区在 08 时地面锋前暖区、850 hPa 暖切变线南侧、SI≤0 ℃、K 指数≥30 ℃、850 hPa 湿舌以及 500 hPa 和 700 hPa 西北风急流相叠加的区域,20 时 850 hPa 暖切变线南压到山西中南部,冰雹就发生在该切变线附近。

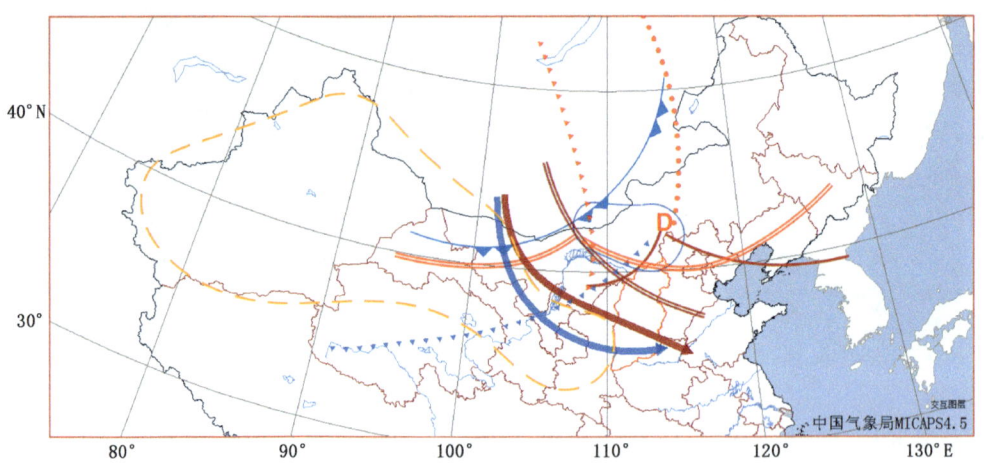

图 3.6　2016 年 6 月 4 日 08 时高、低空天气系统配置

3.1.3.2　大气温、湿度廓线特征

由于 6 月 4 日强对流发生的前期有降水,环境大气中水汽明显较充沛,中低层湿度条件好,08 时太原站探空图(图 3.7)上,近地面层到 600 hPa 湿层深厚,为强对流的发展集聚了水汽和能量。850 hPa 和 500 hPa 温度差达 26 ℃,中低层温度直减率较大,对流有效位能(CAPE)达到 118.5 J/kg,K 指数达 34.3 ℃,SI 指数为−0.12 ℃,700 hPa 以下风随高度上升顺时针旋转,有暖平流,抬升凝结高度低,在 900 hPa 附近,0~6 km 垂直风切变约为 14 m/s,0 ℃ 层和−20 ℃ 层分别位于 3.61 km 和 6.98 km,这样的环境条件适宜雹暴发展。

3.1.3.3　低层环境大气对雷暴传播的作用

6 月 4 日冰雹发生之前,全省大部分地区有降水,前期降水使得近地面水汽近饱和,08 时

第 3 章 山西冰雹天气环流分型

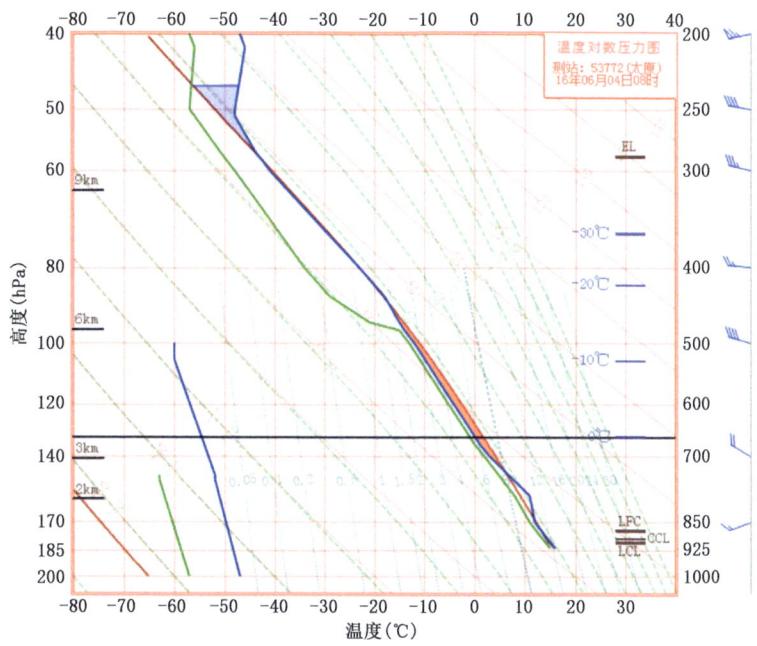

图 3.7　2016 年 6 月 4 日 08 时太原探空曲线图

山西中南部有大范围轻雾,全省温度露点差普遍小于 4 ℃,这说明强对流发生前期近地面大气层结稳定,水汽充足,稳定高湿的近地面层集聚了不稳定能量。必须要有足够强的抬升条件打破前期的这种稳定层结,才能触发不稳定能量的释放,产生冰雹天气。

13 时地面加密风场(图 3.8a)上,从河套到山西的锋前低压带中有数条中尺度辐合线,850 hPa 的低涡切变线也压在该地区,河套地区对流系统在中尺度辐合线和 850 hPa 切变线的动力抬升下发展起来。之后随着高空西北急流向东传播,到 16 时传到山西境内地面辐合线的位置时,雷暴迅速发展加强,对流云团的面积和高度都快速增长,云顶亮温迅速降低,冷云盖面积不断扩大(图 3.8b)。可见地面中尺度辐合线加速了雷暴的发展。

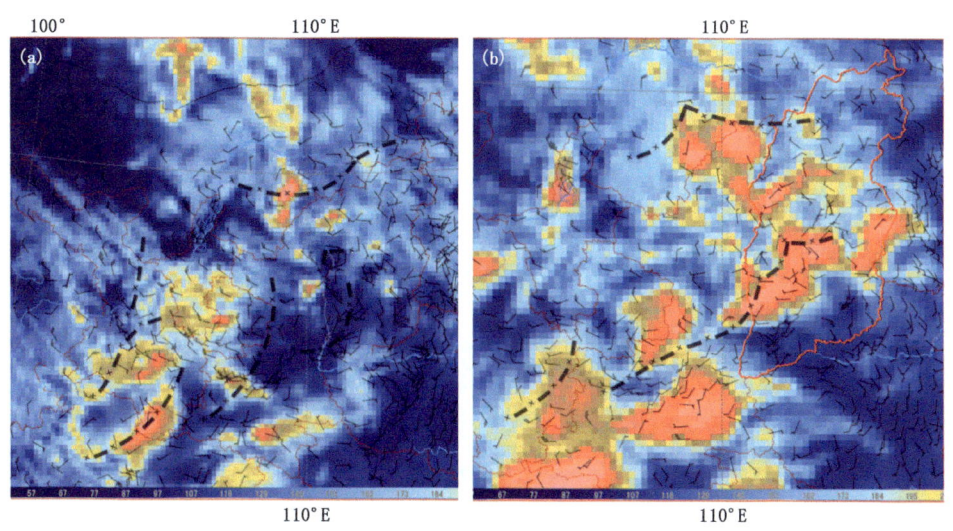

图 3.8　6 月 4 日 13 时(a)、16 时(b)地面加密风场叠加卫星云图

3.1.3.4 地形对雷暴单体传播发展过程的作用

从 6 月 4 日 13 时地面加密风场与地形叠加图(图 3.9)可以看出,山西地面中尺度辐合线与地形有很大的关系。辐合线出现在太行山和吕梁山之间的盆地或峡谷里,地面处于冷锋前部弱气压场的大背景下,地面风吹入峡谷,受地形阻挡风向发生变化,形成了气旋式切变,使地面高能高湿的空气辐合抬升,当上游雷暴移至这些地形产生的辐合线上时,迅速发展加强,产生了冰雹。

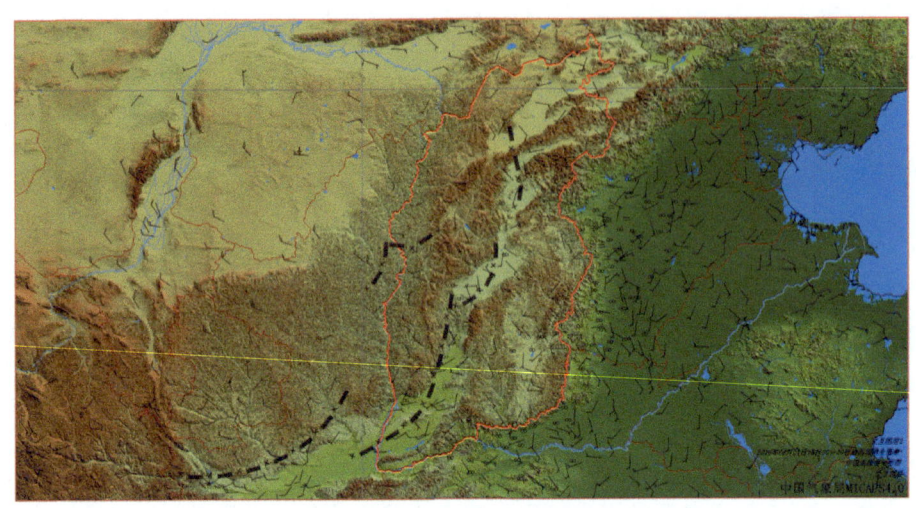

图 3.9　6 月 4 日 13 时地面加密风场叠加地形图

3.1.3.5 对流云团演变特征

FY-2G 静止气象卫星红外云图清楚展示了冰雹强对流云团的生成、发展和演变过程(图 3.10)。13 时与地面辐合线相对应的对流云团在河套地区生成,山西中部也有 3 个 β 中尺度的孤立对流云团出现;14—15 时这 3 个孤立对流云团迅速增长,到 16 时与河套东移过来的对流云团合并加强,在山西中南部形成了大面积的对流云团,之后缓慢向东南方向移动,在山西维持 10 h 之久,直至 5 日 00 时才移出山西,造成山西中南部多地冰雹天气。冰雹出现在对流

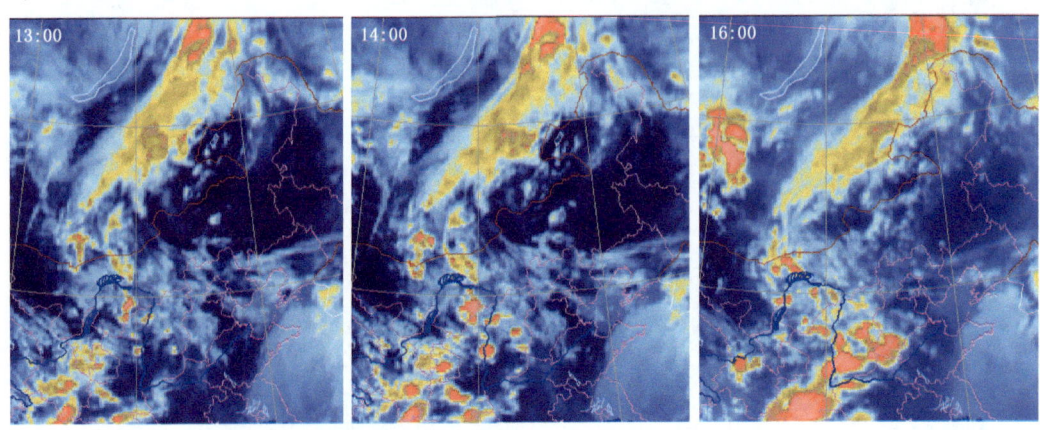

图 3.10　2016 年 6 月 4 日 13—16 时卫星云图演变

第 3 章 山西冰雹天气环流分型

云团的快速发展阶段,降雹集中出现于准圆形或椭圆形对流云团的边缘或带状对流云系的传播前沿区域,对应着云顶亮温梯度的大值区。

从雷达组合反射率因子拼图(图 3.11)上可以看出,多地冰雹是由多单体风暴产生的。14:48 山西临汾、长治以北的大部分地区有分散的圆形或椭圆形 γ 中尺度对流单体,北部的对流单体强度较弱,中南部的较强,组合反射率因子超过了 50 dBZ,石楼和吉县的回波强度超过了 60 dBZ,17:30 灵石、吉县、屯留、潞城的组合反射率因子强度超过 60 dBZ,对流单体此消彼长,移动缓慢,维持时间长,到 17:54,石楼、临猗、长治县、壶关的回波强度也超过 60 dBZ,这些超过 60 dBZ 的回波产生了冰雹。

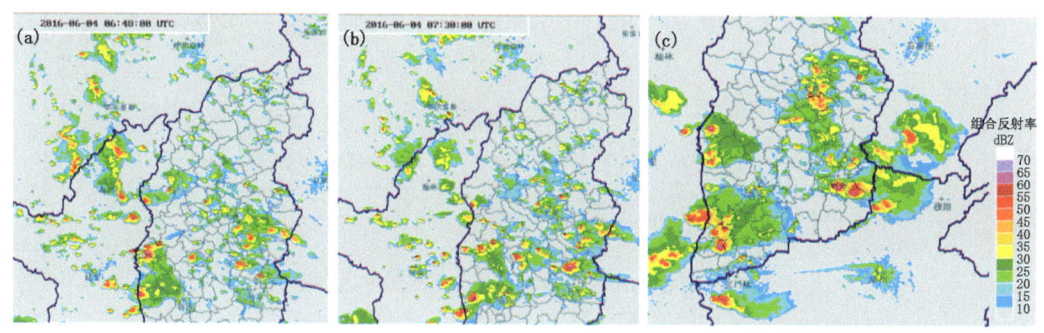

图 3.11　6 月 4 日 14:48(a)、15:30(b)和 17:54(c)山西雷达组合反射率因子拼图

3.1.3.6　2016 年 6 月 4 日冰雹预报着眼点

2016 年 6 月 4 日山西多地冰雹天气过程有如下特征:

(1)这次冰雹过程发生在蒙古冷涡底部高空西北急流与低层暖脊叠加的背景下,在高空冷平流与低层暖平流的重叠区,850 hPa 和 500 hPa 温度差达 26 ℃,中低层温度直减率较大,大气层结不稳定。

(2)冰雹发生前期全省有降水,中低层湿层深厚,地面到 600 hPa 的水汽接近饱和,为强对流的发展集聚了充足的水汽和能量。

(3)地面中尺度辐合线对局地冰雹对流云团的发生有触发和加强作用,对流云团在河套地区的地面辐合线上发展起来,随着高空偏西引导气流东移,移至山西南部地面辐合线的位置迅速加强发展,形成雹暴。地形在地面辐合线的形成中起了重要的作用。

3.1.4　蒙古冷涡型概念模型

归纳总结得出蒙古冷涡型概念模型如图 3.12a。500 hPa 高空蒙古地区有冷涡,冷涡上游常有阻塞高压,冷涡底部有短波槽,700 hPa 和 850 hPa 配合有切变线,中高层 500 hPa 或 700 hPa 常有偏西急流,冷平流强,低层温度场上有暖脊伸向山西,地面山西上游有气旋、热低压或地面倒槽等干暖性系统,山西境内及西部上游地区 08 时的 850 hPa 和 500 hPa 温差通常大于 28 ℃,温度垂直直减率大,大气环境不稳定,高空冷平流和低层暖平流的共同作用使午后大气不稳定度进一步增大。地面暖性系统中通常有地面风辐合线或干线触发对流,地面辐合线和干线附近有孤立对流云团发展,或者对流云在上游生成后移到山西境内地面辐合线或干线附近加强成为雹暴,产生冰雹。

蒙古冷涡型一般垂直风切变较大,冷涡云系的尾部易甩出多单体对流云团,在山西发展成为多单体风暴,对流单体多呈圆形或椭圆形,尺度小,强度强,发展高度高,形成多地分散性的冰雹或雷暴大风。多单体对流风暴中常有可能加强成为超级单体风暴,造成大冰雹(图3.12b)。

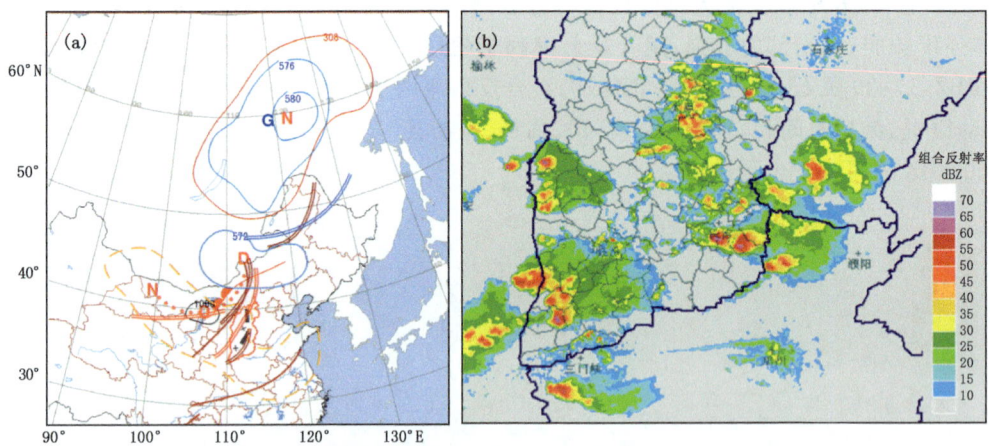

图3.12　蒙古冷涡型概念模型(a)及典型雷达拼图(b)

在分析了蒙古冷涡型冰雹的特征和成因后,给出其预报着眼点:

(1)从大尺度环流背景场分析入手,一旦东亚阻塞高压形势建立,蒙古冷涡将长时间维持,山西处于大范围位势不稳定条件下。具备了强对流发生的不稳定条件,就有冰雹等强天气发生的可能,应予以高度重视。

(2)进一步分析水汽条件和抬升机制,确定冰雹落区。冰雹发生在"上干冷、下暖湿"的层结条件下,因此水汽条件分析的重点应放在低层大气,冷涡形势下的湿层大多在850 hPa以下,绝大部分在边界层以下。水汽的分析更强调绝对湿度,如露点温度、比湿等。

(3)抬升机制分析也要侧重边界层以下尤其是近地层,如冷锋、辐合线、干线、中低压等。

(4)注重垂直风切变的分析。强雹暴的发生往往和0~6 km的强垂直风切变相联系,也就是与500 hPa急流相联系,500 hPa急流通道有两条:一条位于40°N附近,常造成山西北中部降雹;另一条位于37°N以南,造成山西南部降雹。由于南部热力和水汽条件更好,因此更容易出现大冰雹。

(5)注意冷涡的强度和位置变化。在稳定的环流背景下,冷涡通常在蒙古国到我国华北北部的低压带中徘徊,强度也在不断变化,降雹通常会发生在冷涡南部或东南部的上升区中。一般而言,冷涡南掉、东移、加强过程中会伴有冷平流和高空急流的加强,导致不稳定度增大,山西各地降雹的强度和范围都较大,在冷涡北上、西移、减弱过程中,山西冰雹强度和范围减小。

(6)注重分析探空曲线,即T-$\ln p$图。蒙古冷涡带来降雹的同时,往往伴有雷暴大风和短时强降水,预报中应加以关注。

3.2　高空槽型

高空槽型也是造成山西冰雹的主要天气类型之一,约占冰雹个例总数的34%。表3.2给出了高空槽型的23个冰雹天气个例。高空槽型主要环流特征是500 hPa位于山西省上游的河套地区有高空槽,槽后从北疆到山西的大范围地区以西北或偏西气流为主,通常500 hPa或700 hPa有中空急流,风速可达20~28 m/s,200 hPa有高空偏西气流,冰雹一般出现在急流轴上或高空急流入口区的左侧。700 hPa和850 hPa多配合有切变线,低层有弱的辐合上升运动,具备天气尺度的动力抬升条件。850 hPa温度场上有强大的暖脊从新疆的暖中心向东伸展至山西,高层槽后的冷空气叠加在低层暖空气上,形成了山西上游大范围的不稳定层结。当500 hPa为前倾槽时,不稳定尤为突出,这种情况下槽后高空西北急流已经将干冷空气输送到山西,而低层还处于槽前暖湿气流区,高空干冷空气叠加在低层暖湿气流之上,造成了不稳定。

有时500 hPa高空槽以北有阻塞高压,如2011年6月24日、2009年4月24日、2009年7月4日、2009年7月5日的冰雹天气个例,高纬度地区环流经向度大,较强冷空气堆积,槽后西北风将阻塞高压前部堆积的冷空气向山西输送,冷平流尤其强。此类型高空槽大多为横槽,槽前有偏西急流穿过山西以北,高低层垂直风切变大。

表3.2 高空槽型冰雹个例天气概况

日期	冰雹站点	发生时间	伴随天气
20080509	大同县、平定、方山、石楼、太谷、祁县、孟县、孝义、古县、平顺、乡宁、襄汾、绛县、陵川、夏县	11:00—14:00	
20080825	太原	15:00—15:15	
20081004	吉县	15:00—15:58	
20110519	运城、永济、临猗、绛县	运城21:00—21:05,永济21:08—21:12	
20110606	清徐		
20110624	曲沃、阳城	曲沃17:34—17:39	阳城伴短时强降水和雷暴大风
20130522	临猗、稷山、临汾、万荣、阳城		临猗伴短时强降水和雷暴大风,稷山伴短时强降水
20130603	沁水、高平、陵川	沁水15:07—15:08,高平14:56—15:06,陵川16:21—16:24	
20130604	大同县、天镇、榆次、平遥	14:49—15:25	大同县伴雷暴大风
20130605	长子、阳高	长子17:55—18:02,阳高夜间	
20130606	代县	18:28—18:32	
20130607	黎城		黎城伴雷暴大风
20130625	交城	15:00	雷暴大风
20131101	偏关	18:56—18:59	
20140616	五台山	19:00—20:00	
20160427	新绛	14:30	
20160715	河津、古交、应县、平遥、和顺		河津、古交伴短时强降水,应县、平遥伴雷暴大风
20170413	阳曲、翼城	阳曲15:46,翼城15:59	伴雷暴大风

续表

日期	冰雹站点	发生时间	伴随天气
20170529	静乐、原平、代县、繁峙、五台山		
20170921	大同		伴短时强降水
20190424	安泽、榆社、长治等41个县(市)		伴雷暴大风
20190704	大同		伴雷暴大风
20190705	五台山		伴雷暴大风

高空槽型冰雹天气的地面形势可概括为以下4种类型:

第一种地面形势为东高西低分布,山西西北部上游有闭合热低压或锋面气旋,山西处于锋前暖区,地面加热显著,山西的西部地区处于低压前的偏南气流中;山西以东的冷高压携带冷空气从东路侵入山西东部地区。这样就使得西部气团干热,东部气团湿冷,两种不同属性的气团在山西境内形成了中尺度辐合线或干线,气流在辐合线或干线上辐合抬升,触发不稳定能量释放,产生对流,比如2008年8月25日、2013年5月22日、2017年4月13日、2017年9月21日的冰雹个例。

有时地面无明显辐合线,但对流层中低层偏南气流异常深厚且强盛,从地面到对流层中低层,山西都处在上游蒙古气旋前面强盛的偏南气流控制下,当500 hPa或700 hPa高空槽过境时,槽后中层干冷空气入侵,叠加在低层暖湿气流上触发对流。这种情况下冰雹一般发生在500 hPa或700 hPa高空槽附近,比如2013年6月3—7日的连续冰雹个例。

2013年6月3—7日山西境内出现了连续冰雹天气。3日地面倒槽从青藏高原的热低压中心伸展到了山西东部,沁水、高平、陵川出现了冰雹,冰雹发生在地面倒槽底前部的中尺度辐合线附近。

4日08时山西上游的地面倒槽发展加深为锋面气旋,气旋中心强度低于992.5 hPa,山西处于气旋前部偏南气流中,对应在700 hPa和850 hPa上,山西都在切变线前显著的西南气流中,700 hPa还有风速大于12 m/s的西南急流穿过了山西北部,中低层深厚而强盛的偏南气流与山西北部500 hPa的高空西风急流形成了强垂直风切变,到14:00地面风速增大,进一步增大了高低层的垂直风切变,使得对流系统迅速发展增强,14:49—15:25大同县、天镇出现了冰雹,大同还伴有雷暴大风。此外,在晋中附近地面辐合线的触发下,榆次(15:18—15:25)、平遥(15:10—15:14)也出现了冰雹。

5日08时地面图上,山西仍然处于锋面气旋前部强盛偏南气流中(图3.13a),中低层偏南气流依旧强盛而深厚,850 hPa山西也处在切变线前显著西南气流中,切变线以西有暖脊伸向山西,700 hPa上游的河套地区有"人"字形切变线,山西处于切变线前的西南急流中。200 hPa高空急流贯穿山西南部(图3.13b),在高空急流穿过的地区,17:55—18:02长子出现冰雹。500 hPa山西北部受高空槽过境影响,对流云发展旺盛,阳高出现冰雹。

6日地面锋面气旋维持,中低层偏南气流加强,700 hPa上山西北部西南急流风速达到18 m/s。500 hPa山西西部前倾槽过境时带动槽后冷空气南下,叠加在低层暖空气上,加大了高低层温度差和垂直风切变,加剧了层结不稳定,触发对流,18:28—18:32代县出现冰雹。

7日17时前后黎城出现冰雹,并伴有雷暴大风。地面上山西处于西部上游暖气旋带来的干暖空气和东部下游冷高压带来的湿冷空气的交汇区,有显著偏东风吹向降雹点,且在降雹点

第3章 山西冰雹天气环流分型

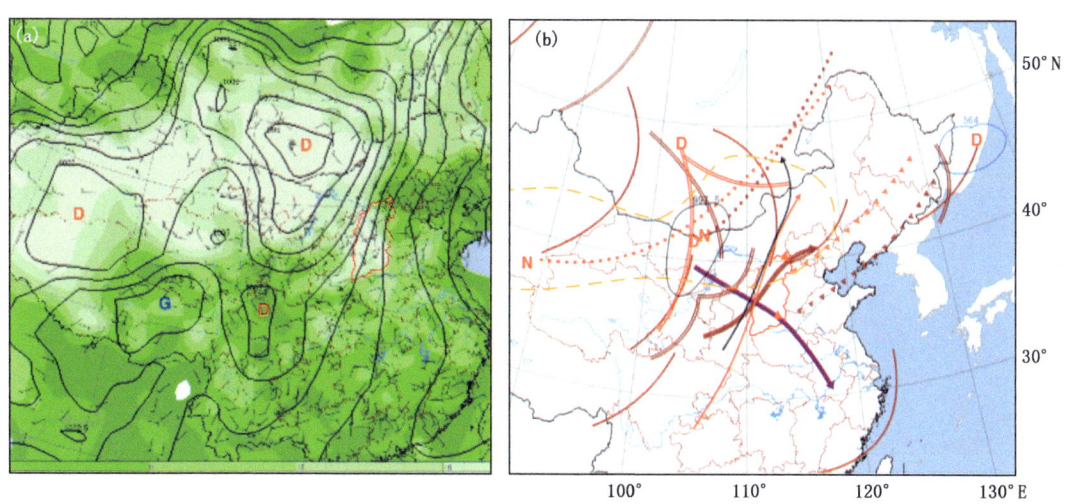

图 3.13　2013 年 6 月 5 日 08 时海平面气压场叠加地面 $T-T_d$(a)和高、低空天气系统配置(b)

附近是温度露点差的梯度大值区,也即有明显的中小尺度干线,干线是冰雹对流系统的直接触发系统。

归纳起来,2013 年 6 月 3—7 日连续冰雹天气环流的显著特点是近地层山西上游有气旋,山西处于气旋前面的偏南气流中,且对流层中低层偏南气流深厚,500 hPa 以下都是偏南气流,700 hPa 有时还会有西南急流,中低层暖平流显著,这种形势下由于中低层偏南气流强盛,不断将南方暖湿气流向山西输送,因此山西中低层湿度也大。许爱华等(2006)认为强垂直温度梯度结合中低层高湿度是强对流天气发生的重要条件,强垂直温度梯度在强对流天气潜势预报中有时比对流有效位能更有指示意义。当 500 hPa 不断东移南下的高空短波槽过境时,带来的槽后冷空气叠加在中低层的暖湿气流上,形成了强垂直温度梯度和强垂直风切变,加剧层结不稳定,产生连续冰雹天气,这种形势下地面辐合通常不明显,冰雹落区常在 500 hPa 槽线附近。

第二种地面形势表现为暖倒槽自我国西南地区伸展至山西的西北部上游,倒槽覆盖地区地面加热显著,气团干暖。倒槽与周边相邻的冷气团在山西境内交汇,形成中尺度辐合线,触发对流,比如 2011 年 5 月 19 日、2016 年 7 月 15 日的冰雹天气个例。

2011 年 5 月 19 日,山西南部运城(21:00—21:05)、永济(21:08—21:12)、临猗、绛县出现了冰雹。14 时的地面形势图上,从四川的低压中心向东北伸出的倒槽直抵山西,并逐步发展加强,和从西北路径南下的冷空气在山西西部交汇(图 3.14a),形成了 3 条 β 中尺度地面辐合线,这些地面辐合线是强对流的直接触发系统(图 3.14b)。

第三种地面形势呈北高南低分布,在北部高压和南部低压之间有冷锋,山西处在锋前热低压区内,地面有中尺度辐合线。比如 2011 年 6 月 24 日、2019 年 4 月 24 日、2019 年 7 月 5 日的冰雹个例。

2019 年 7 月 5 日,五台山出现了冰雹,并伴有雷暴大风。08 时 500 hPa 横槽转竖,槽脊经向度加大,转竖后的高空槽从 70°N 伸展到 40°N,南北跨度达 30 个纬度,温度槽的经向度也异常大,槽后北风急流将高纬度堆积的强冷空气向南输送,冷平流异常强。500 hPa 高空槽底部有 20 m/s 以上的西北转偏西急流,急流轴穿过冰雹区。700 hPa 和 850 hPa 山西西部都配合

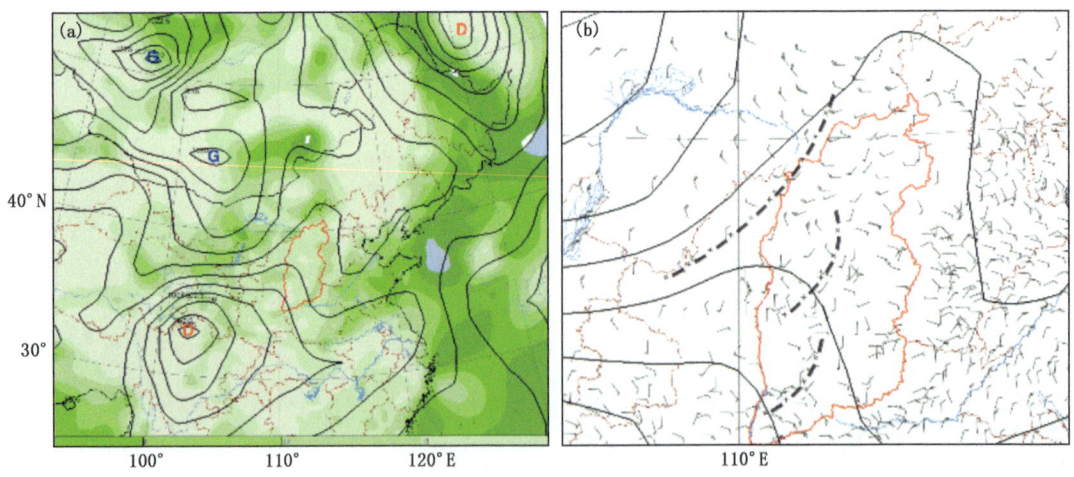

图 3.14　2011 年 5 月 19 日 14 时海平面气压场叠加地面 $T-T_d$(a)和地面加密风场(b)

有切变线,山西处于切变线前西南气流中,地面锋前热低压移进山西(图 3.15),冰雹发生在锋面附近热低压一侧,冰雹落区附近有偏东风和偏南风形成的中尺度横辐合线,触发了对流。

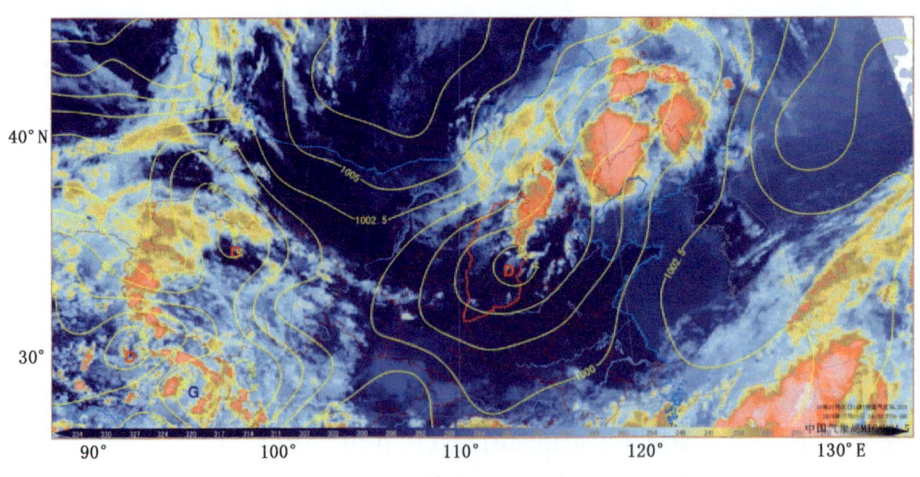

图 3.15　2019 年 7 月 5 日海平面气压场叠加卫星云图

第四种地面形势为鞍型场,山西处于鞍型场中部,这类个例较少。以 2013 年 11 月 1 日为例,18:56—18:59 偏关出现了冰雹,是山西有冰雹统计资料以来发生最晚的个例。2013 年 11 月 1 日 08 时地面形势图上山西位于两高之间的低压带中,呈鞍型场流型(图 3.16)。

3.2.1　典型个例:2016 年 4 月 27 日冰雹天气

3.2.1.1　天气实况

2016 年 4 月 27 日,据气象站观测,孝义、汾阳、隰县、曲沃、新绛、永济等 6 站观测到冰雹,其中新绛冰雹直径最大,达 20 mm,出现在 14:19;16:00—18:00 五台山、吕梁、闻喜等 11 站出现了瞬时大风。此外,全省还出现了 51 站雷暴,强对流发生在山西西南部的吕梁、临汾、运城

第3章 山西冰雹天气环流分型

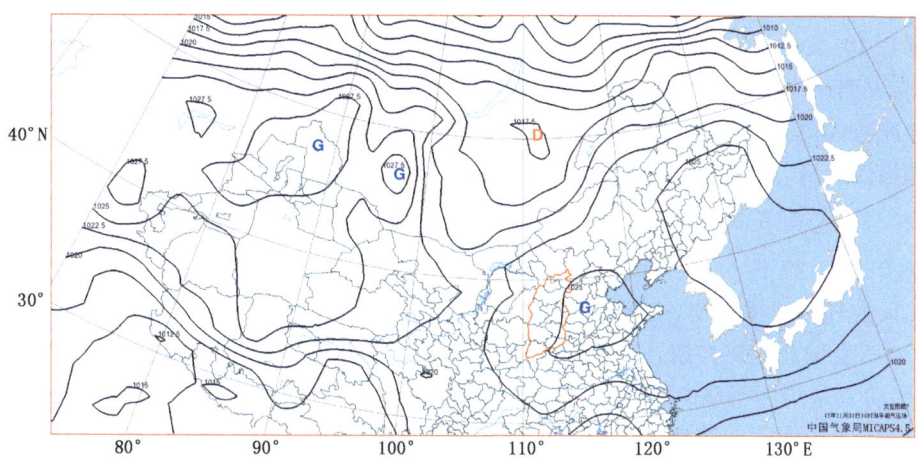

图 3.16　2013 年 11 月 1 日 08 时海平面气压场

地区(图 3.17a)。当日全省大部分地区有降水,24 h 降水量为 0.2~38.5 mm,潞城出现大雨(38.5 mm),其他 22 站中雨、80 站小雨(图 3.17b)。

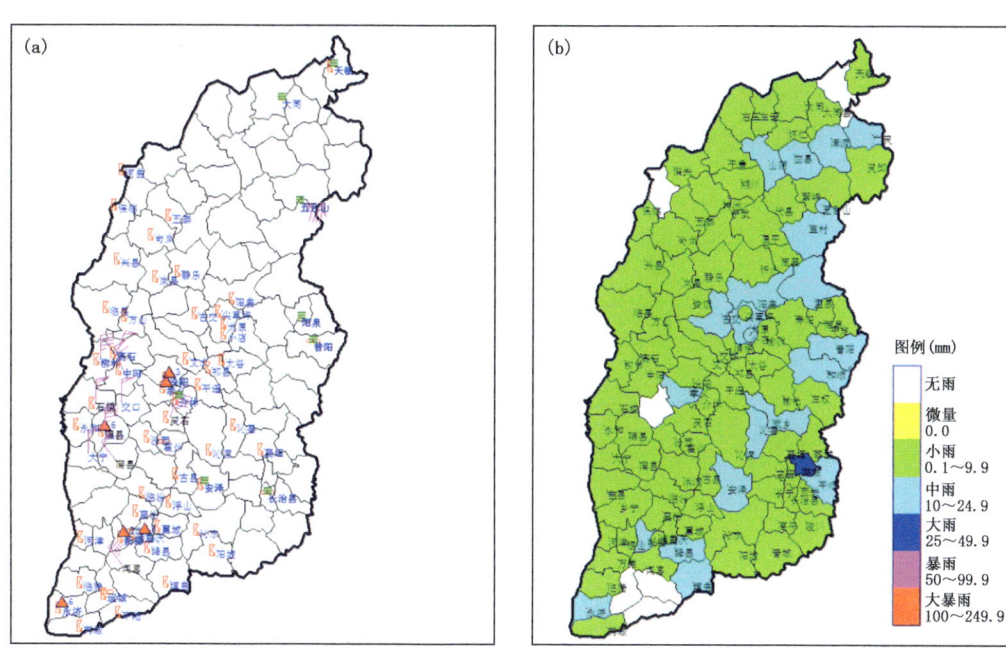

图 3.17　2016 年 4 月 27 日 08 时至 28 日 08 时强对流天气实况(a)和降水实况(b)

据灾情报统计,临猗县 12:19 开始听到雷声,12:30 开始下雨并伴有冰雹,冰雹持续 12 min,直径 5 mm,造成该县农作物受灾 1264.7 hm²,17200 人受灾,农业直接经济损失 1800 万元。新绛县 14:09—16:50 遭遇雷电、冰雹天气过程,局部雹粒大、密度大,持续时间长,最大冰雹直径 20 mm。雹灾涉及 7 个乡镇 78 个村,受灾人口 3.15 万,农业直接经济损失 5500 万元。闻喜县 15:50 遭遇冰雹天气,致使以小麦为主的 793 hm² 农作物受灾,其中 693 hm² 小麦麦穗打折、颗粒掉落。芮城县 14:00 前后出现了冰雹和局地强降水,14:25 古魏镇、大王镇出现了冰雹,最大冰雹直径 10 mm 左右,持续了 10 min,给 42 个村造成了灾害,总经济损失 931 万元。隰县 10:40—10:55 出现冰雹天气,18:50—19:00 午城镇、龙泉镇、城南乡出现冰雹天气,导致受灾面积 470 hm², 成灾面积 260 hm², 2600 人受灾,农业经济损失 210 万元。

这次冰雹天气过程是一次冰雹、雷雨大风、降水并存的混合强对流天气。强对流发生在山西中南部偏西地区,强对流发生前一天和当天全省大部分地区有降水。

3.2.1.2 冰雹天气的环境背景

2016 年 4 月 27 日 08 时天气系统配置如图 3.18 所示。500 hPa 上山西北部出现了东北风与西北风的气旋式横切变,山西南部受切变线南侧的西北急流控制,最大风速达到 18 m/s,700 hPa 山西受偏北气流控制,850 hPa 受高压脊控制,700 hPa 和 850 hPa 没有切变线影响山西,中低层动力系统不明显。500 hPa 上温度槽落后于高度槽,风场与温度场夹角大,冷平流强。850 hPa 上山西省上游地区从新疆东部到河套地区有强大的暖脊,与穿越暖脊的偏西风配合,形成了明显暖平流,山西上游河套地区 500 hPa 温度槽与 850 hPa 温度脊叠加,从新疆东部到山西西界,受低层暖平流控制,850 hPa 与 500 hPa 的温差达到了 31～37 ℃。值得注意的是,此次冰雹过程暖平流和暖区的位置较往常更偏西、偏北、偏强,偏西风起到了输送暖平流的作用,这与通常预报员经验中偏南气流输送暖平流的概念有较大的差异。在低空暖平流作用下,地面系统减弱为低压区,在与 850 hPa 的暖脊相对应的位置,地面热低压自西向东伸展至山西,使山西各站的温度和露点都较高,冰雹发生的站点温度达到 20～26 ℃,露点达到 13～15 ℃。500 hPa 冷平流叠加在低层暖平流上,高低层温度平流加大了垂直温度直减率,促使层结不稳定性增强,在山西南部地面辐合线的触发下,低层气流辐合上升,发生强对流。

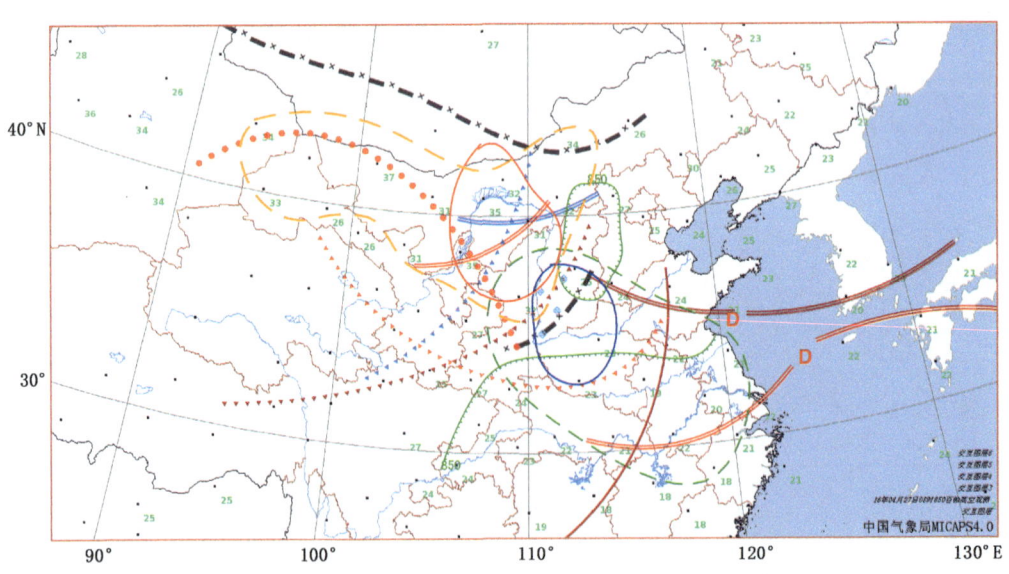

图 3.18 2016 年 4 月 27 日 08 时高低空天气系统配置(图中数字为 850 hPa 与 500 hPa 的温差)
500 hPa 槽线　　700 hPa 切变线　　850 hPa 切变线　　700 hPa $T-T_d$
850 hPa $T-T_d$　　700 hPa 强风带　　500 hPa 急流轴　　冷锋　　$T_{850-500}$
沙氏指数 0 ℃线　　K 指数≥30 ℃线

此次发生在春季4月的冰雹过程具有较大的特殊性，山西大范围的强对流天气发生在中高层冷平流与低空暖平流叠加的背景下。这次冰雹天气过程中，对流层中低层没有明显的切变系统，动力因子弱，热力因子起主导作用。

从欧洲中期数值预报中心细网格模式预报也可以看出高、低空温度平流的差异。冰雹等强对流天气主要发生在14时前后，14时500 hPa山西上空为大范围的负温度平流区，山西西南部的冷平流中心达到-150×10^{-5} ℃/s，850 hPa则是正温度平流区，山西西南部的暖平流强度达到200×10^{-5} ℃/s，高低层温度平流差异大，二者叠加进一步加剧了不稳定。从沿111°E的温度平流垂直剖面也可以看出，700 hPa以上为冷平流区，以下为暖平流区，36.1°N附近有强暖平流中心，强度达到240×10^{-5} ℃/s，35.5°N附近有强冷平流中心，强度达到-200×10^{-5} ℃/s(图3.19)，高低空温度平流差对强对流落区预报有很好的指示作用。

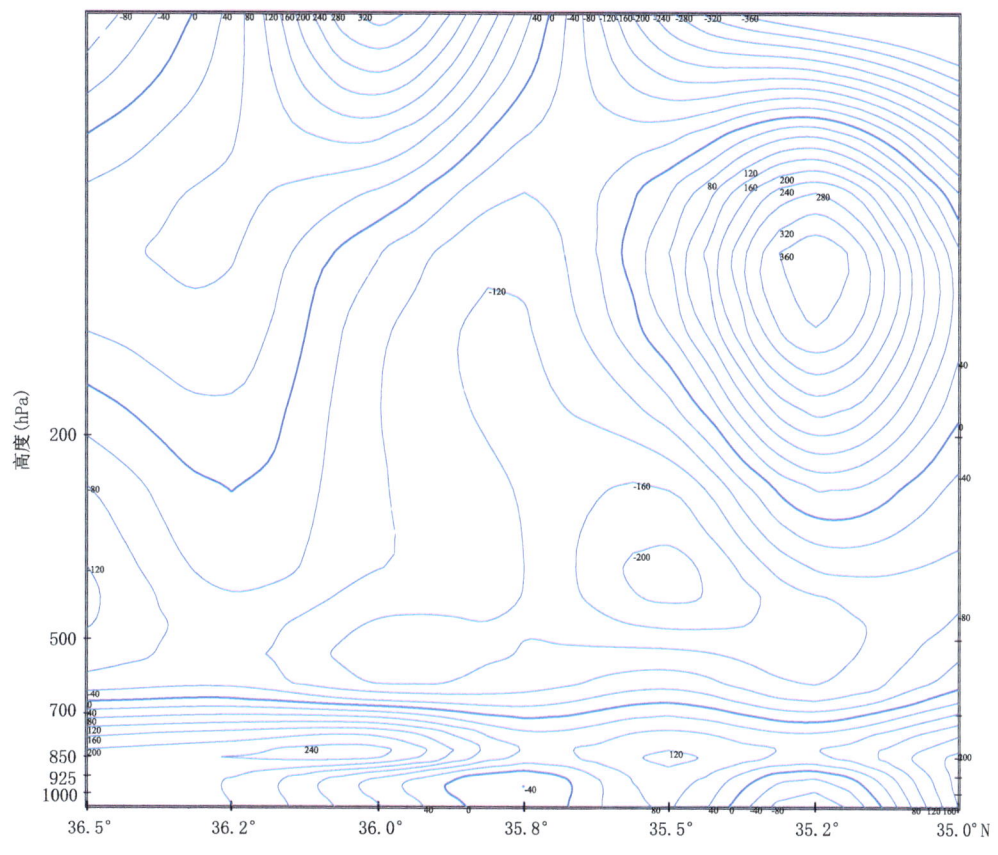

图3.19　2016年4月27日14时沿111°E欧洲中期数值预报中心预报温度平流垂直剖面(单位：10^{-5} ℃/s)

3.2.1.3　大气温湿廓线特征

大气温湿廓线特征对强对流天气预报具有重要的指示意义。由于冰雹主要发生在山西的西南部，因此，降雹前距离最近的上游延安站的探空观测对此次冰雹过程的大气温湿廓线特征更有指示意义。在27日08时的延安探空曲线(图3.20)上，湿层厚度从地面伸展到600 hPa，600 hPa之上是干层，呈现出有利于强对流发生的"上干冷、下暖湿"不稳定层结。700 hPa之下层结稳定，850 hPa之下有浅薄的逆温层，对流抑制能量(CIN)达121.9 J/kg，700 hPa之上不稳定,对流有效位能(CAPE)达 136.2 J/kg,不稳定参数 K 指数达 35.2 ℃,SI 指数达 -3.05 ℃,0~6 km垂直风切变达 10.89 m/s,0 ℃层高度不足 3 km,-20 ℃层高度 5.7 km,700 hPa 以下风随高度顺转,有暖平流,700 hPa 以上中高层风随高度上升逆时针旋转,有冷平流。用 14 时温度和露点订正 08 时的温湿廓线后,CAPE 值达到了 3085 J/kg,K 指数达 42.1 ℃,表明低层暖平流与中高层冷平流的持续作用使午后的不稳定能量迅速增大。

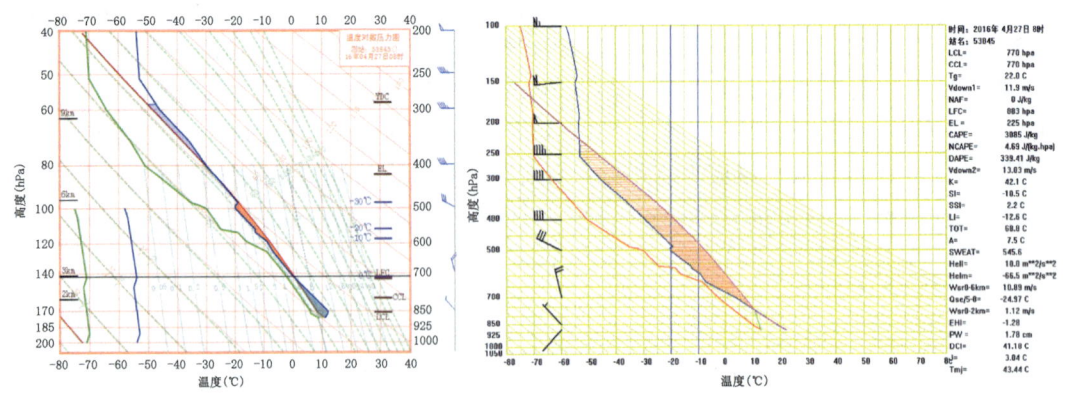

图 3.20　2016 年 4 月 27 日 08 时延安探空曲线

3.2.1.4　物理量场分析

为了更客观地分析冰雹天气的热力、动力、水汽和不稳定度条件,对冰雹过程的比湿、水汽通量散度、温度平流、垂直速度等物理量进行诊断分析。

1. 比湿

深厚湿对流发展的重要条件之一是大气中要有充足的水汽。比湿是表征大气中水汽含量的物理量。从 27 日 14 时山西上空比湿场来看,500 hPa 比湿为 1 g/kg(图 3.21a),850 hPa 山西西南部比湿大于 8 g/kg(图 3.21b),环境条件上干下湿,这样的层结有利于冰雹和雷暴大风天气发生。从 850 hPa 上可以看到有明显的湿舌向山西伸展,比湿大值区积聚在低层,低层丰富的水汽为冰雹天气的发生提供了水汽和能量。结合前文温度平流的分析,山西西南部处于上干冷、下暖湿的环境中,这样的环境条件更有利于强对流天气的发生发展。

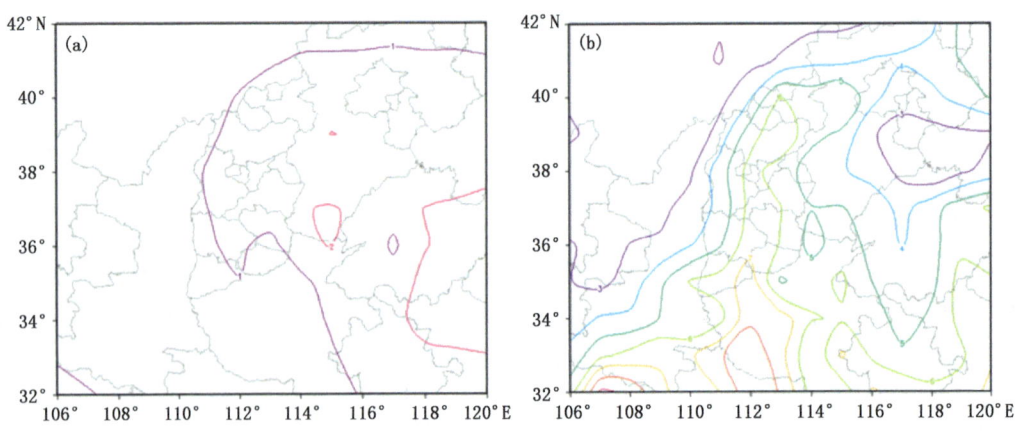

图 3.21　2016 年 4 月 27 日 14 时 500 hPa(a)、850 hPa(b)比湿场(单位:g/kg)

2. 水汽通量散度

低层 850 hPa 上水汽通量散度的演变情况如图 3.22 所示。4 月 27 日 08 时 850 hPa 上山西西部位于水汽辐合区,辐合大值在山西西南部,水汽辐合大值区对应着强对流天气的发生区域,表明水汽辐合区域对强对流天气发生区域有明显的指示意义,14 时水汽辐合较 08 时有明显的增强,范围也逐渐扩大,低层水汽辐合为强对流天气的发展和维持提供了有利的水汽条件。

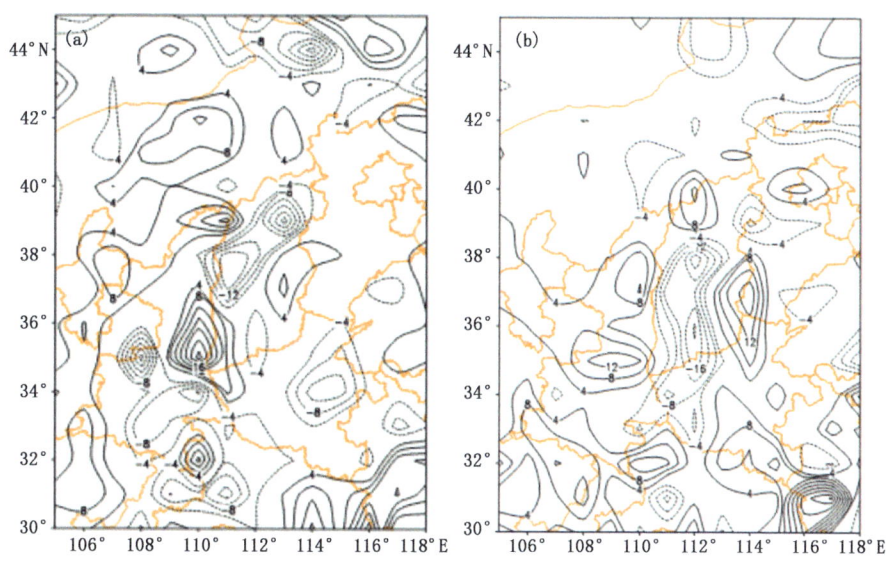

图 3.22　2016 年 4 月 27 日 850 hPa 08 时(a)、14 时(b)水汽通量散度[单位:g/(cm²·hPa·s)]

3. 垂直速度

雹暴的形成和发展比普通雷暴需要更强的上升运动。欧洲中期数值预报中心细网格模式 700 hPa 垂直速度预报场上,27 日 08 时冰雹发生区有垂直速度大值中心出现(图 3.23a),到 14 时,灵石、曲沃附近负垂直速度中心达到 −40 Pa/s(图 3.23b),上升运动强,对流发展旺盛。

4. 对流有效位能

27 日欧洲中期数据预报中心细网格模式对流有效位能预报,14 时山西西南部对流有效位能达到了 600 J/kg(图 3.24),20 时对流有效位能大值区范围加大,对流有效位能大值区与冰雹落区位置相吻合,也可以作为冰雹预报的着眼点。

3.2.1.5　雷暴传播与低层环境大气的相互作用

产生冰雹的雷暴云团的生成传播与环境大气有密不可分的关系,雷暴的产生离不开抬升触发机制。4 月 27 日冰雹发生之前,26 日夜间到 27 日白天全省大部分地区出现了降水,前期降水使得近地面水汽条件较好,27 日 08 时山西中南部有大范围的轻雾,全省温度露点差普遍小于 4 ℃,这说明强对流发生前期大气层结稳定,低层水汽充足,稳定高湿的近地面层集聚了不稳定能量,必须要有足够强的抬升条件才能打破前期的这种稳定层结,触发不稳定能量的释放,产生冰雹天气。

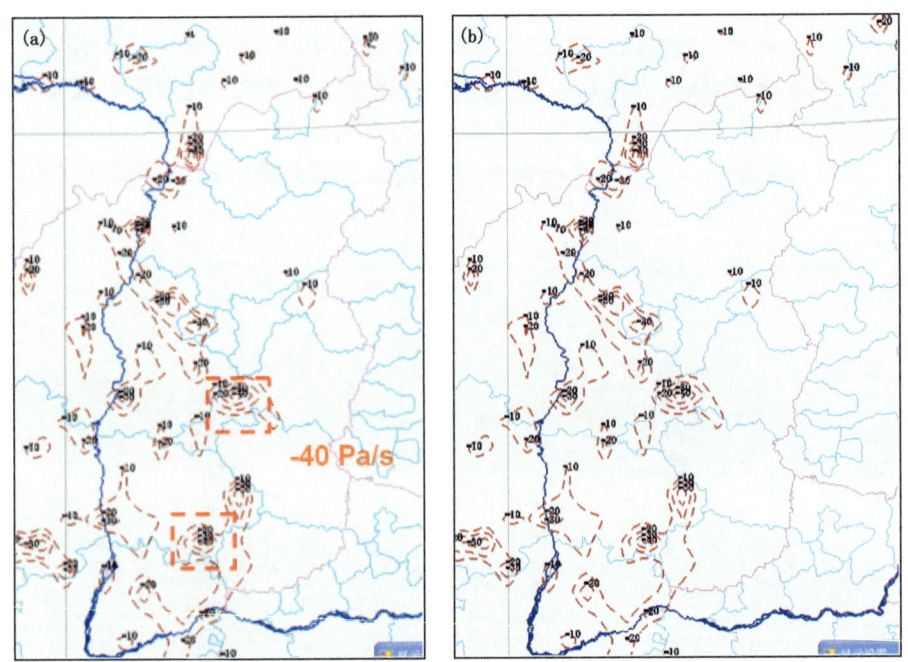

图 3.23　欧洲中期数值预报中心细网格模式 27 日 06 时(a)、14 时(b)700 hPa 垂直速度预报场

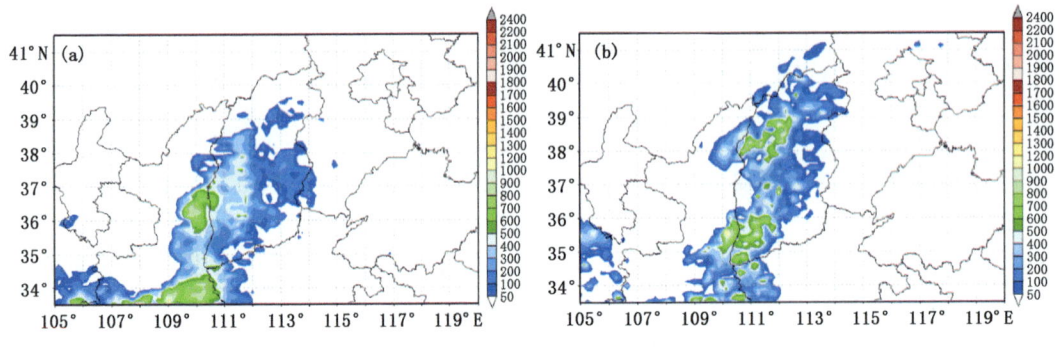

图 3.24　2016 年 4 月 27 日 14 时(a)、20 时(b)850 hPa 对流有效位能(单位:J/kg)

27 日 08 时地面形势图上有明显的露点梯度,在晋陕交界的黄河以西有一条干线(露点锋)自北向南伸展,干线两侧温度露点差的差值达到 10 ℃,说明上游干暖和本省湿冷的两种气团在山西西界交汇。14 时地面风场上,晋陕交界处偏西、偏北、偏南 3 条气流交汇,形成了"人"字形的中尺度地面辐合线(图 3.25),地面辐合线和干线附近空气辐合抬升,触发了高温高湿的低层大气不稳定能量的释放,促使强对流云团生成和发展,形成冰雹和雷暴大风天气。由卫星云图上可见,干线上空 10:00 有积云线生成(图 3.26a),12:00 积云线上有孤立对流单体发展起来,并随着高空偏北环境气流向南移动,移至地面辐合线的位置后迅速加强发展,云顶高度不断伸展,15:00 山西西南部有 3 个云顶亮温低于－42 ℃的中尺度对流云团发展起来(图 3.26b),15:30 山西南部的 2 个中尺度对流云团合并,云顶亮温迅速降低至－52 ℃,冷云盖面积扩大(图 3.26c),说明雷暴在不断发展加强。

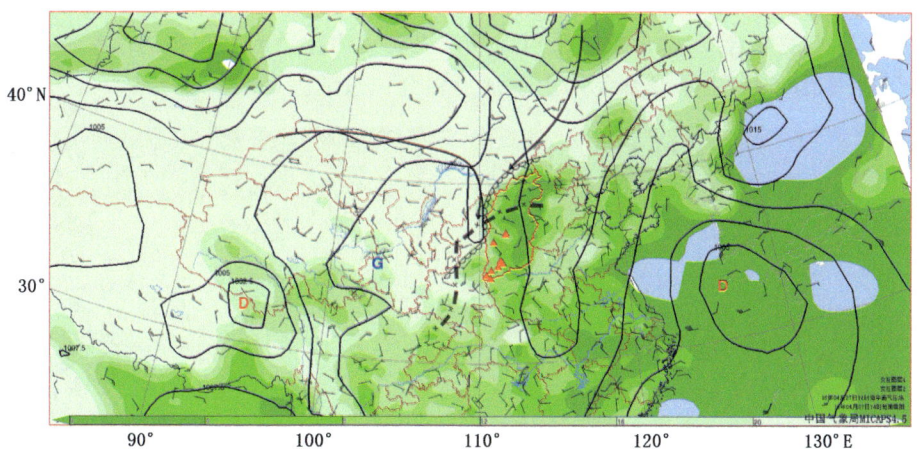

图 3.25　2016 年 4 月 27 日 14 时海平面气压和地面风场,阴影为温度露点差

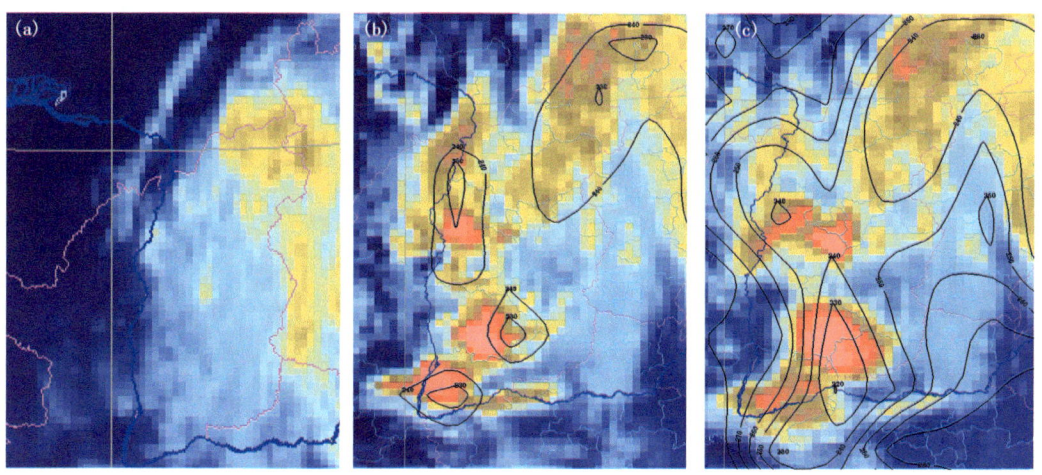

图 3.26　2016 年 4 月 27 日 10:00(a)、15:00(b)、15:30(c)卫星云图(图中黑线为云顶亮温)

3.2.1.6　地形对雷暴单体发展传播过程的作用

山西省境内地形复杂,东部太行山、西部吕梁山纵贯南北,中部有大同、忻州、太原、临汾、长治和运城等断陷式盆地由北向南呈 S 形分布,恒山、五台山、系舟山、太岳山和中条山散列其间。山地、丘陵、残塬、台地、谷地、平原等交错分布,极易产生局地强对流,因此要考虑地形对雷暴发展和传播的作用。

这次冰雹天气过程中,冰雹都发生在谷地或盆地的局地孤立对流云团中,并在短时间内迅速发展壮大,对流单体触发地多在峡谷和峡谷入口处,复杂地形配合有利天气形势,易在峡谷内和喇叭口内产生辐合气流,从而对雷暴单体的发展和传播起至关重要的作用。从地面加密风场看,冰雹发生前 3 h 内,汾阳、孝义、永济附近地面风向着山体吹,汾阳、孝义风向与吕梁山正交(图 3.27a),永济风向与中条山正交(图 3.27b),吹向山坡的风由于受到山坡阻碍的影响,产生迎风坡上升运动,触发不稳定能量释放,生成雷暴单体。曲沃处于三面环山的喇叭口盆地中,地面风吹向喇叭口形成沿着山势的气旋性辐合环流(图 3.27c、d),新绛处于两山之间的峡谷地形中,这种峡谷地形易形成地面中尺度辐合线(图 3.27c~f)。峡谷地形作用使得风向转变,形成尺度较小的辐合线,地形辐合线对天气尺度的动力抬升起到很好的增幅作用。对应在雷达组合反射率因子拼图上,形成了与上述地形辐合一致的强回波。

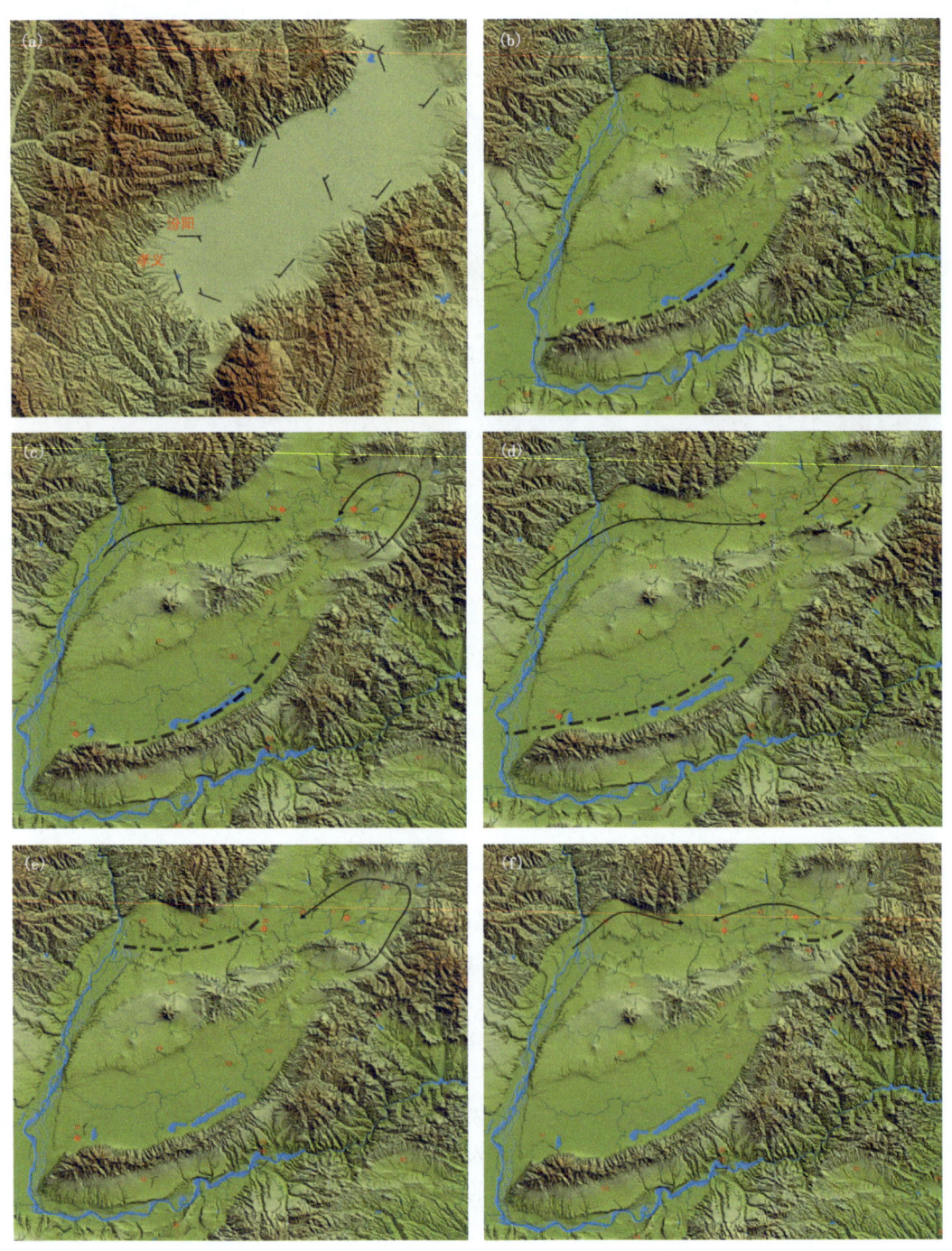

图 3.27　2016 年 4 月 27 日汾阳、孝义 14:00(a)和新绛、曲沃 14:00(b)、14:10(c)、14:15(d)、14:35(e)、14:55(f)地形与地面加密风场

3.2.1.7 2016年4月27日冰雹预报着眼点

通过对发生在2016年4月27日的冰雹个例的分析,发现此次天气过程有以下特征:

(1)发生在春季4月27日的冰雹具有较大的特殊性,这次过程中热力因子起主导作用。冰雹发生在500 hPa西北急流携带干冷空气与低层暖脊叠加的背景下,在低层暖平流与高空冷平流的重叠区。高、低层温度平流加大了垂直温度直减率,山西上游850 hPa与500 hPa温差最大达到了40 ℃,加剧了"上冷下暖"的不稳定层结,有利于强对流的产生。此次过程暖平流和暖区位置较通常偏西、偏北,使得低层偏西风输送暖平流,这与通常概念模型中偏南气流输送暖平流有较大的不同。

(2)冰雹发生前地面为热低压控制,存储了大量不稳定能量,且由于前期有降水,对流层低层水汽含量大,为对流单体的生成提供了充分的水汽条件。当高空干冷空气侵入后,与地面湿热低压相互作用,激发了强对流天气的发生。地面热低压是辐合维持和水汽集中的重要原因。

(3)冰雹发生前上游探空站08:00 CAPE值达136.2 J/kg,为强对流提供了不稳定能量,不稳定参数K指数达35.2 ℃,SI指数达-3.05 ℃,0~6 km垂直风切变达12 m/s。这些条件可作为有利于冰雹发生的潜势预报指标。

(4)这次冰雹是由孤立的对流云团产生的,地面干线和中尺度辐合线对局地冰雹对流云团的发生有触发和加强作用。干线附近有积云线生成,对流云团在积云线上发展起来,随着高空偏北环境气流向南移动,移至地面中尺度辐合线的位置迅速加强发展,形成雹暴。

(5)地形在地面中尺度辐合线的形成中起了重要的作用。

3.2.2 典型个例:2014年6月16日冰雹天气

3.2.2.1 天气实况及环流形势

2014年6月16日,山西全省109个气象观测站有70个站出现雷暴,19个站出现雷暴大风,6个站观测到冰雹。阳泉16:24出现直径6 mm的冰雹;天镇16:52出现直径8 mm的冰雹,20:04再次出现直径6 mm的冰雹;昔阳17:06降直径6 mm的冰雹;交口17:20降直径9 mm的冰雹;大同县17:46降直径5 mm的冰雹;岢岚19:05降直径7 mm的冰雹。

此外,据灾情报告统计,五台山19:00—20:00出现直径20 mm的冰雹,大同和阳高于20:20、22:00两次出现直径为10 mm的冰雹,长治市区于21:00前后出现冰雹伴雷暴大风,壶关县21:00—22:00出现降水量达75.5 mm的短时强降水,冰雹分布较为分散,主要发生在山区或山区与平川的交界地带。

此次冰雹天气高空主要影响系统为500 hPa短波槽和700 hPa、850 hPa切变线,它们在山西境内形成前倾槽结构,500 hPa干冷空气叠加在低层暖空气上,有利于温度垂直递减率的增大,为强对流天气提供了不稳定层结条件。16日08:00天气系统配置如图3.28a所示,500 hPa位于新西伯利亚的高压脊不断北伸发展形成了阻塞高压,贝加尔湖地区为一个西北—东南走向的深厚低槽控制,并不断加深,到20:00切断形成冷涡,槽前冷空气不断分裂南下形成短波槽影响山西,山西北部处于短波槽前,高空冷空气沿短波槽后西北气流下滑,有明显冷平流。温度场上,从锡林浩特到山西东北部存在温度槽,山西中南部温度梯度大;700 hPa切变线位于内蒙古中部到河套地区和山西北部交界处,在垂直方向上与500 hPa短波槽位置基本重合,温度场上河套地区南部有10 ℃以上的暖中心;500 hPa槽前的正涡度平流有利于低层低值系统的迅速发展，850 hPa 上山西处于中心位势高度低于 1400 gpm 的低压中，在河套中东部有近似南北向的切变线，与 500 hPa 短波槽、700 hPa 切变线形成前倾槽结构，同时在山西中部存在一条偏北风与西南风的横向切变线，延安到太原一带处于西南气流中，有明显暖平流，850 hPa 和 500 hPa 温度差为 28～31 ℃，大气中下层不稳定。地面形势图（图 3.28b）上，两个冷高压分别位于蒙古国和中国黄海，冷高压携带的冷空气分别自西北和东南方向侵入山西西北和山西中东部地区，山西处于两个冷高压之间的地面暖倒槽内，山西中东部有 30 ℃ 以上的暖中心，冷锋位于内蒙古中部至宁夏中部一带，在锋前暖区内的陕北延安一带存在一条近似南北向的 α 中尺度地面辐合线。地面露点温度分布不均匀，在山西阳泉到晋中东部有干线与地面辐合线相对应，干线与地面辐合线为强对流天气的产生提供了动力触发条件，促使局地冰雹等强对流天气的发生。此外，200 hPa 从河套地区西南部到山东半岛有风速大于 40 m/s 的高空急流，山西位于急流核后方的辐散场中，强烈的抽吸作用和强垂直风切变为冰雹天气提供了动力条件。

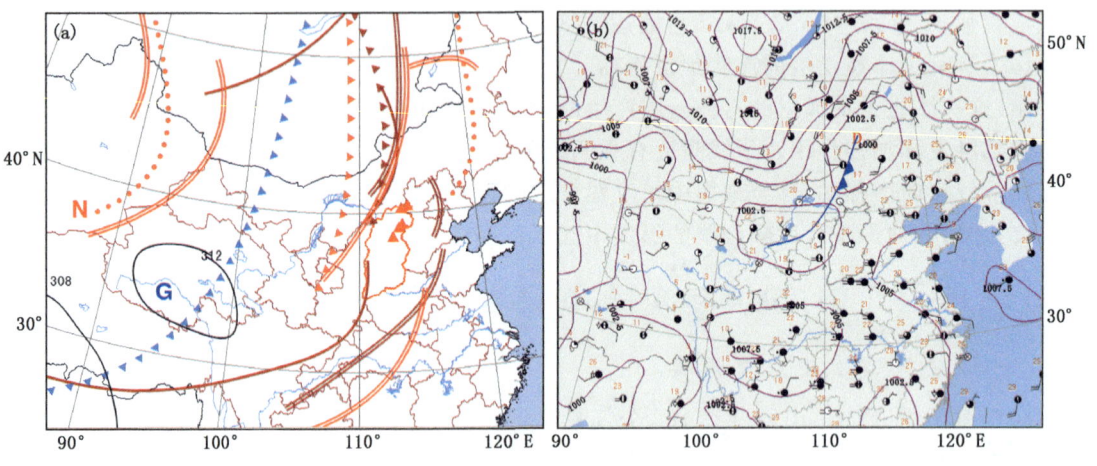

图 3.28　2014 年 6 月 16 日 08 时高低空天气系统配置（a）和地面形势（b）

3.2.2.2　地面中尺度触发系统

锋前暖区内的 α 中尺度地面辐合线和干线对局地冰雹过程有触发作用。从降冰雹时段逐时地面加密观测（图 3.29）可知，从 16：20 开始，昔阳及附近上空出现偏北风与东南风的辐合线，到 16：45，辐合线北侧的平定北风达到了 10 m/s，南侧的昔阳偏南风增至 6 m/s，辐合线两侧的风矢量差达到了 16 m/s。同时，阳泉到昔阳一带的露点升高，近地面层大气明显增湿，与其西部的露点梯度逐渐增大，形成了干线，16：55 分别位于干线两侧的榆次、昔阳两站的露点差达到 9 ℃，随后 17：06 昔阳出现冰雹，且降水出现明显增强，6 min 降水量达到 13.8 mm。17：00 交口西侧形成了 β 中尺度地面辐合线，随着辐合线的南压，交口出现了冰雹和短时大风。17：15，中阳站西北风增强，地面辐合加强，17：25，交口风向由西南风转为西北风，且风速增大至 8 m/s，同时地面温度显著下降，露点升高，预示强对流天气的开始，冰雹的发生与地面风向和温、湿度的剧烈变化显著相关。18—19 时，山西北部又有中尺度辐合线形成，触发了天镇 20：04 的冰雹。19—21 时，长治地区形成中尺度涡旋，造成长治地区的短时强降水和冰雹。总之，地面中尺度辐合线和中尺度涡旋对局地冰雹有触发作用。

第 3 章 山西冰雹天气环流分型

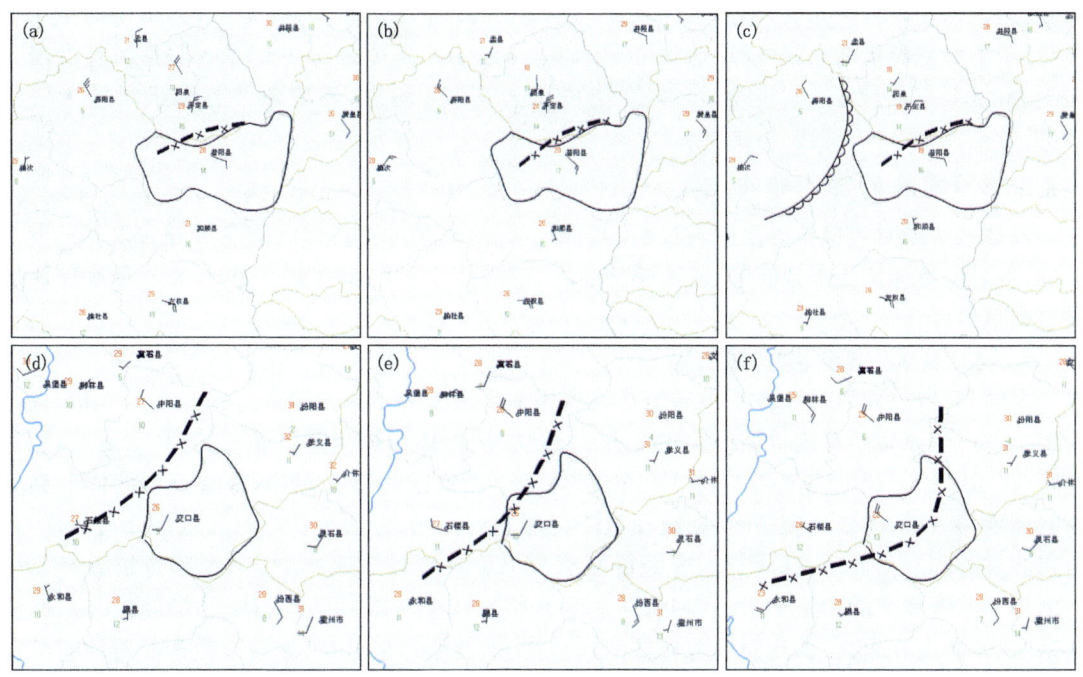

图 3.29　2014 年 6 月 16 日 16:20(a)、16:45(b)、16:55(c)、17:00(d)、17:15(e)、17:25(f)
自动气象站加密观测

3.2.2.3　探空分析

由于冰雹出现在山西北中部,因此距离最近的太原和张家口探空曲线对冰雹预报具有指示作用。08:00 太原探空曲线,整层大气湿度都比较小,CAPE 为 0,700 hPa 和 850 hPa 之间有薄的逆温层,阻碍了近地层暖空气向上穿透,利于低层大气不稳定能量的储存和积累,中高层有明显冷平流,加大了温度的垂直递减率。到 14:00(图 3.30a),600 hPa 以下大气垂直温度递减率接近于干绝热递减率,表明大气中下层湿度小,CAPE 增大至 228.9 J/kg,不稳定能量明显增大,0～6 km 垂直风切变增大至 12.68 m/s。08:00 张家口探空曲线,500 hPa 以下大气

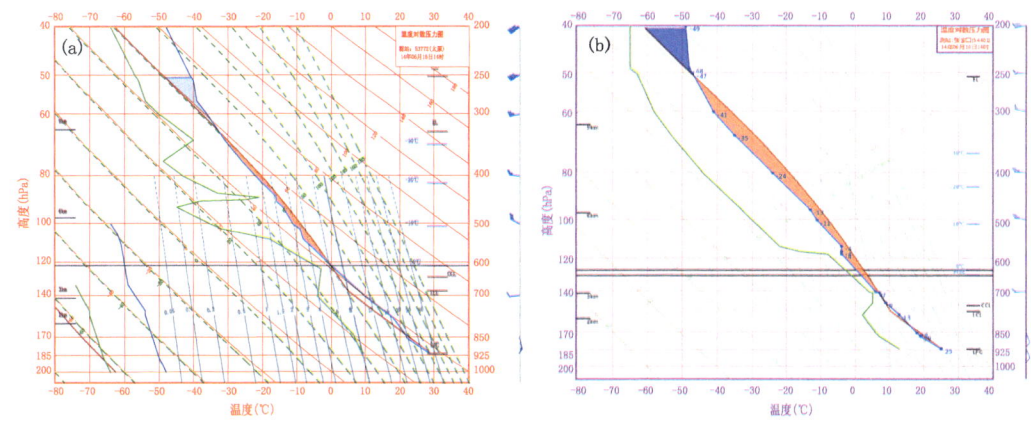

图 3.30　2014 年 6 月 16 日 14 时太原(a)、张家口(b)探空曲线

湿度较大，CAPE 为 163.5 J/kg，CIN 较大，为 220.4 J/kg，到 14:00（图 3.30b），低层暖平流变得明显，不稳定能量增大，CAPE 达到了 991.4 J/kg，CIN 减小为 0，0～6 km 垂直风切变增大至 16 m/s，0 ℃层位于 600 hPa，−20 ℃层位于 400 hPa 附近，环境条件有利于风雹天气的产生。

3.2.2.4 雹暴的雷达回波演变

根据雹暴强对流单体的发生、发展及其移动状况，雹暴的雷达回波演变可分为以下三种情况：局地对流单体新生形成雹暴，对流单体合并加强形成雹暴，多单体风暴中某个对流单体加强形成雹暴。

1. 局地对流单体新生形成雹暴

大同县、岢岚两站的冰雹是由局地对流单体新生形成的。从大同雷达回波图上分析，大同县 17:46 产生冰雹的对流单体于 17:22 开始形成，从单体形成到降冰雹只有 24 min。17:22 大同 35 dBZ 以上回波高度在 4～8 km，由于受雷达静锥区的影响，实际对流云可能伸展到更高的高度，并且回波随高度倾斜，回波顶位于低层弱回波区之上，上升与下沉运动分离，有明显的回波悬垂和三体散射长钉特征，这些特征都预示着对流强烈发展。17:34 冰雹指数产品中也出现了冰雹概率的预报提示。因此，局地对流单体新生时，如果回波有三体散射长钉、回波悬垂、强回波高度较高、钩状回波等雹暴的回波特征，就会产生冰雹，冰雹指数产品对冰雹的预报有指导意义。

2. 对流单体合并加强形成雹暴

天镇 16:52 的冰雹和昔阳 17:06 的冰雹是由对流单体合并加强造成的。当局地新生的对流单体遇到对流系统移近时，新生的对流单体可能会加强发展形成雹暴，14:07 两个对流单体向天镇移动，移动过程中，对流单体逐渐加强发展为带状强回波，15:24 形成飑线。飑线中发展最强的对流单体在向东南移动的过程中遇到 16:52 天镇局地新生的对流单体后，对流单体之间能量进行传递，局地新生的对流单体发展加强形成雹暴。

昔阳的冰雹也是由两个对流单体合并加强形成的。对流单体风暴之间有相互作用，16:01 一个对流单体在产生降水的过程中下沉气流占据了整个云体，下沉气流到达地面后的向外出流使得另一个对流单体加强发展，同时，下沉气流引起的高层辐散对上升运动有抽吸作用，使得两个对流单体之间形成垂直环流圈，进一步造成了另一个对流单体的加强，导致了 17:06 昔阳的冰雹和短时强降水。

3. 多单体风暴中某个对流单体加强形成雹暴

阳泉、交口、长治及天镇的冰雹都是由多单体风暴中某个对流单体加强造成的。阳泉 16:24 出现直径为 6 mm 的冰雹，16:01 阳泉上空形成对流单体群，随着对流单体群的加强发展，16:12 以后对流单体群逐渐连成片，形成多单体风暴，位于阳泉地区西北方向上的对流单体发展较强，大于 45 dBZ 的强回波伸展到 8 km 高度，但是回波悬垂特征不明显。天镇 20:04 的冰雹也是由多单体风暴中的一个强对流单体形成的，从 19:14 开始，在阳高、天镇交界处有对流单体开始发展，到 19:23，有多个对流单体形成，其中发展最为旺盛的对流单体，大于 50 dBZ 的强回波从地面一直伸展到 8 km 以上的高度，并且有明显的三体散射长钉特征，但是回波悬垂特征不明显。阳泉 16:24 和天镇 20:04 形成冰雹的对流单体，发展都非常迅速，仅需几十分钟到 1 h，45～50 dBZ 以上的强回波就从地面一直伸展到 8 km 以上，因此在多单体风暴中，如果最强对流发展旺盛，即使不具备回波悬垂特征，也可能会产生冰雹。

交口17:46的冰雹是由镶嵌在β中尺度东移飑线系统中的一个强对流单体造成的,飑线上每个对流单体发展都很强,很难从回波特征上判断哪个对流单体会降冰雹,但交口的强单体从16:56开始冰雹指数产品指示有冰雹,冰雹指数产品对冰雹预报有指示意义。长治冰雹是由β中尺度多单体风暴中的一个强对流单体造成的,多单体风暴中降冰雹的强单体也没有明显的回波悬垂特征,但长治20:30—20:50垂直积分液态水含量达到了56 kg/m²,对冰雹预报有较为明确的指示意义。

3.2.2.5 2014年6月16日冰雹预报着眼点

2014年6月16日午后山西10余个县(市)的冰雹天气发生在高空槽发展成为冷涡的过程中,主要影响系统是500 hPa短波槽和700 hPa、850 hPa切变线形成的前倾槽,地面锋前暖区的中尺度辐合线和干线是雹暴的动力触发系统,高空干冷平流叠加在低层暖空气上,增大了温度垂直递减率,600 hPa以下大气接近干绝热递减,层结很不稳定,中低层水汽条件较差,200 hPa高空急流穿过山西中部,在冰雹区上空产生强烈的抽吸作用和垂直风切变,有利于雹暴的发展加强。冰雹的形成可分为局地对流单体新生、对流单体合并、多单体风暴中某个对流单体加强形成雹暴三种情况。

3.2.3 高空槽型概念模型

高空槽型概念模型如图3.31a,500 hPa主要影响系统为高空槽,有时高空槽以北有阻塞高压,700 hPa和850 hPa配合有切变线,高空槽有时候随高度前倾,500 hPa和700 hPa常有中空急流穿过山西以北,高低层垂直风切变大。地面气压呈北高南低的形势,高、低压之间有冷锋,锋前的山西上游地区大多有闭合热低压或热倒槽,山西处在锋前暖区,山西以东常有冷高压将偏东风吹向山西,使得西部干热和东部湿冷两种不同属性气团在山西境内形成辐合线或干线,抬升触发不稳定能量释放,产生冰雹强对流系统。

有时冷锋移动较快,锋面生成的线状回波和锋前暖区内辐合线上生成的分散对流回波合并加强,发展为飑线,造成大范围的冰雹和雷暴大风(图3.31b)。

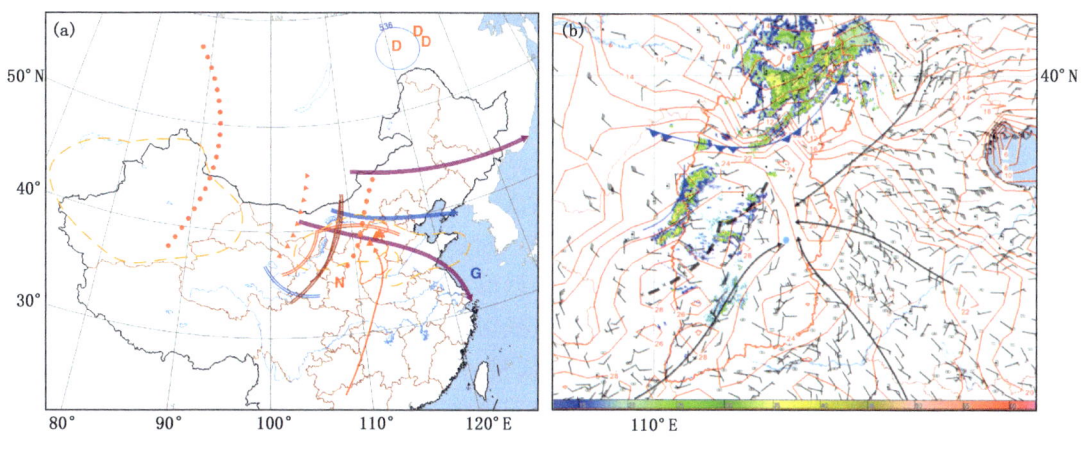

图3.31 高空槽型概念模型(a)及典型地面形势叠加雷达拼图(b)

3.3 东北冷涡横槽型

东北冷涡横槽型约占冰雹个例总数的16%，表3.3给出了东北冷涡横槽型的11个山西冰雹天气个例。关于东北冷涡的研究很多，普遍认为在东北冷涡的东部和南部容易出现强对流天气，因此东北冷涡对我国东北地区天气的影响较大，对其西部的华北地区影响不大，而我们的研究发现，东北冷涡虽然不是山西冰雹的直接影响系统，但当冷涡后部带有横槽时，就会对山西产生很大的影响，一般有雷电、冰雹、雷暴大风等强对流天气发生。

表3.3 东北冷涡横槽型冰雹个例天气概况

日期	冰雹站点	发生时间	伴随天气
20080517	大宁、阳城	大宁14:30，阳城15:50	
20080628	保德、兴县		短时强降水、雷暴大风
20150721	天镇、平定、襄垣、长子、屯留、安泽、洪洞	天镇17:55—18:15，平定17:30	天镇伴短时强降水，长子伴短时强降水和雷暴大风
20150823	翼城、稷山、芮城、安泽、曲沃		稷山、安泽伴短时强降水
20160613	陵川、寿阳、壶关、长治	寿阳20:30	陵川伴短时强降水和雷暴大风，壶关、长治伴雷暴大风
20160629	陵川		短时强降水
20160728	和顺、古交、忻州、榆社	古交14:19—14:23，忻州16:55—16:59，榆社18:59—19:01	
20160910	右玉、阳泉、忻州、怀仁、应县、盂县		
20170515	运城		
20170621	壶关、寿阳、临汾、榆次、灵丘	临汾13:44—13:46	
20170709	原平、忻州、阳泉、陵川	原平13:16，忻州15:35，阳泉16:29，陵川16:13	

东北冷涡横槽型的主要环流特征是500 hPa中高纬度地区以经向环流为主，多为两槽一脊，乌拉尔山附近和我国东北地区各为一个冷槽或冷涡控制，两槽（涡）之间贝加尔湖或以西地区为高压脊，脊前强冷空气分裂南下使东北冷涡不断加深。我国东北地区高空被深厚东北冷涡控制，东北冷涡后部的横槽向西伸展至蒙古国西部或我国西北地区，有时槽线也会呈东北—西南向伸展至华北地区南部，对山西冰雹天气造成影响的多数情况是横槽，横槽南侧通常有偏西急流，冷空气沿偏西急流扩散至山西，或者从横槽后部分裂南下到山西。地面上，山西一般受热低压或热倒槽控制，受东北冷涡后部快速南下冷空气和近地面强烈辐射加热影响，山西境内很容易出现冰雹等强对流天气。

东北冷涡横槽型冰雹天气具有显著的中上层干冷、低层暖湿的不稳定层结条件，500 hPa横槽前西西北气流携带干冷空气南下，地面有暖倒槽北上，850 hPa上经常存在东西走向的温度脊,500 hPa与850 hPa垂直温差大,上、下层温度平流的差动对不稳定层结的建立具有关键作用,高空冷平流、低空暖平流显著,使大气层结不稳定进一步增强。高空横槽、中低层切变线、地面辐合线或干线为强对流天气的动力触发条件。东北冷涡横槽型冰雹天气具有较强的垂直风切变条件和一定的低层水汽条件,满足一定的水汽条件是此型天气降冰雹的关键。

3.3.1 典型个例:2016年6月13日冰雹天气过程

3.3.1.1 天气实况及环流形势

2016年6月13日,据气象站观测,浑源、平遥、盂县、沁县、壶关等5站出现冰雹,其中壶关冰雹直径最大,达22 mm;据灾情报告统计,长治、襄垣、陵川等地都出现了大冰雹,其中长治冰雹最大,最大直径达60 mm。冰雹使农作物严重受损,停在户外的车辆被砸,给车主造成经济损失,冰雹发生次日长治市各家保险公司共接到车险报案1.82万起,估损金额约4714万元。据民政部门统计,此次冰雹天气过程造成全市85855人受灾,农作物受灾面积11419.7 hm²,绝收面积907.6 hm²,损坏房屋152间,倒塌房屋7间,直接经济损失3962.95万元。此外受飑线过境影响,山西自北向南出现45站雷暴大风,其中平顺出现11级以上大风,风速达30 m/s(图3.32a)。同时,全省大部分地区出现了降水,13日08时至14日08时,24 h降水量为0.0~39.1 mm(图3.32b),灵丘、平遥、灵石、壶关等4站出现短时强降水。

这次强对流过程的特点是,冰雹先发生,雷雨大风和短时强降水后发生,且直接影响系统不同。冰雹是由孤立的超级单体造成的,雷雨大风和短时强降水是由之后的飑线系统造成的,16:00—22:30飑线自西北向东南扫过山西全境,其间不断发展加强,持续时间超过6 h,具有组织程度很高、移动速度快、持续时间长的特点。

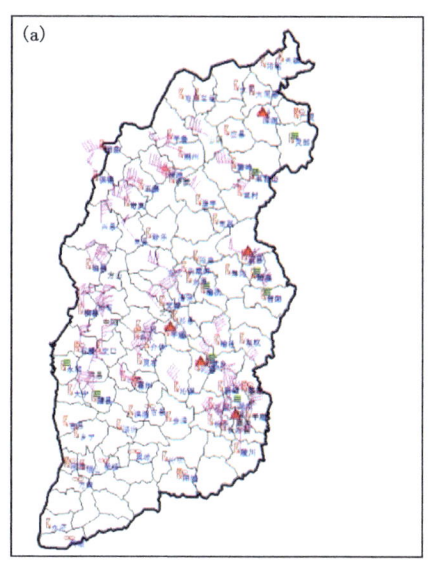 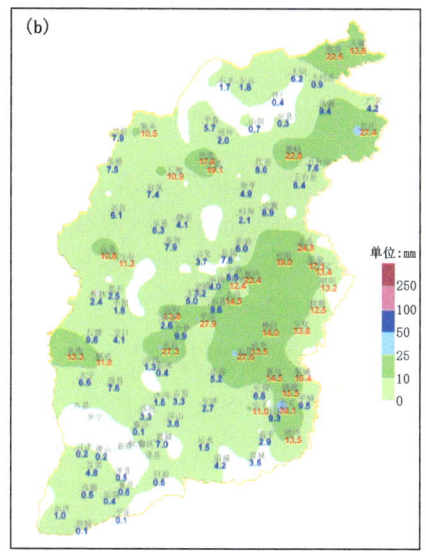

图3.32 2016年6月13日08时至14日08时强对流天气实况(a)和降水天气实况(b)

3.3.1.2 冰雹天气发生发展的环境背景

6月13日08时500 hPa东北冷涡稳定维持,冷涡后部横槽向西伸展至新疆北部,横槽南侧蒙古国风场气旋式切变明显(图3.33),对应在低层700 hPa和850 hPa上山西上游都有低涡和切变线,700 hPa冷切变线和850 hPa暖切变线都伸展到了山西北部,地面形势图上,山西位于冷锋前部的暖低压区,从暖低压中心伸展出的辐合线位于山西北部,200 hPa上山西位于急流出口区的左侧,高空抽吸作用明显,可见6月13日早晨整层动力抬升条件非常好,且整个系统呈现前倾结构,这样的环境配置有利于层结不稳定发展。500 hPa温压场斜压性强,有明显冷平流,850 hPa有暖平流,温度场上呈现出上冷下暖的形势,温度差动平流作用的结果进一步促进了不稳定层结的发展。

到20时500 hPa蒙古国气旋式切变已经加强为蒙古冷涡,700 hPa低涡东移南压至山西北部,850 hPa上"人"字形切变线的冷切段南压至山西西北部,暖切段横压至山西中部,地面仍处在冷锋前的暖低压区。边界层温度高,还在暖空气控制中,而高空干冷空气已南下侵入山西,高、低层温度差异进一步增大。

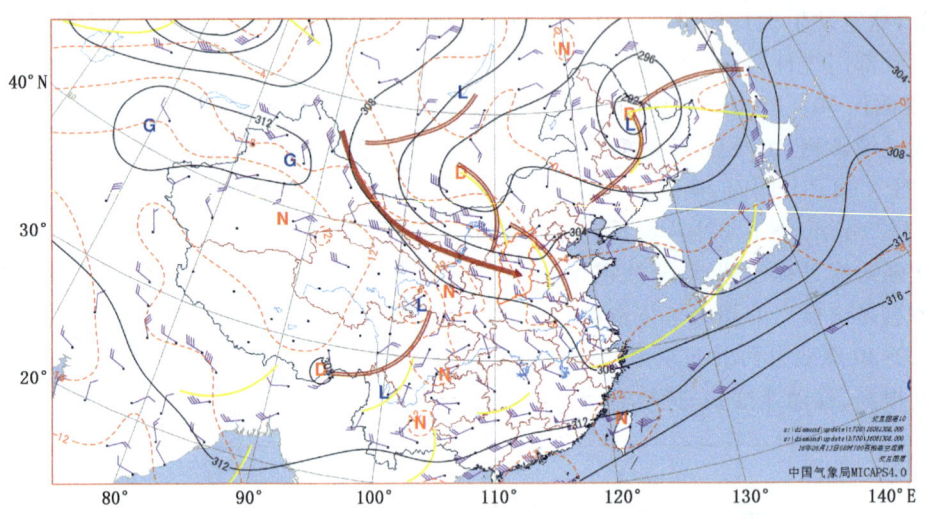

图3.33 2016年6月13日08时500 hPa高度场、温度场和风场

图3.34给出了2016年6月13日08时和20时高、低空天气系统配置和强对流天气落区。由图可见,雷暴大风出现在13日08时锋前暖区、850 hPa暖切变线南侧、700 hPa干舌与850 hPa湿舌相重叠的区域(图3.34a),即强天气出现在上干下湿的环境中。冰雹出现在SI指数≤-4 ℃、K指数≥36 ℃、$T_{850-500}$≥28 ℃重叠的区域(图3.34b)。

3.3.1.3 大气温湿廓线特征

由于前期有降水,这次冰雹过程近地层湿度条件好,为强对流的发展集聚了水汽和能量。对流有效位能(CAPE)对抬升气块的温、湿状况很敏感,抬升气块温度升高1 ℃,CAPE值平均增加200 J/kg;露点温度上升1 ℃,CAPE值平均增加500 J/kg(王秀明等,2012),表明CAPE对水汽的变化更敏感,这是因为气块露点温度上升1 ℃所增加的水汽,完全凝结后释放的潜热显著大于气块温度上升1 ℃所需的热量。从太原站探空曲线图(图3.35a)上可以看出,08时CAPE为116.5 J/kg,用14时地面温度订正后,CAPE增加到1700 J/kg(图3.35b)。850 hPa和500 hPa的温度差>26 ℃,中低层垂直温度直减率较大,存在静力不稳定。地面到600 hPa湿度大、湿层厚,600 hPa以下风随高度上升顺时针旋转,有暖平流,抬升凝结高度低,在930 hPa附近,0～6 km垂直风切变约为17 m/s,0 ℃层和-20 ℃层分别位于4.1 km和

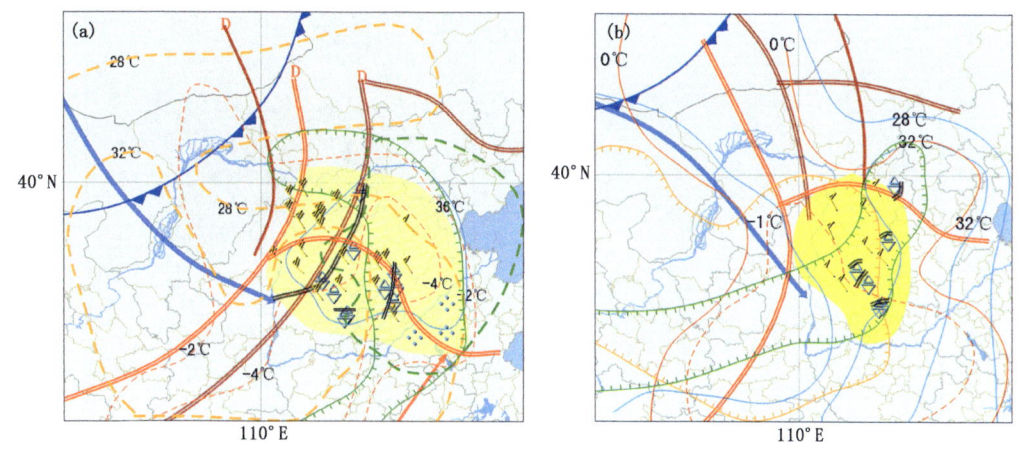

图 3.34　2016 年 6 月 13 日 08 时(a)和 20 时(b)高低空系统配置及强天气落区

══ 500 hPa 槽线　══ 700 hPa 切变线　══ 850 hPa 切变线　--- 850 hPa $T-T_d$　---- 700 hPa $T-T_d$
→ 850 hPa 强风带　→ 700 hPa 强风带　⇒ 500 hPa 急流轴　⌒⌒ 冷锋　⌒⌒ 湿轴
══ 地面切变线　══ 地面辐合线　◇ 冰雹　▨ 雷暴大风区　── 沙氏指数 0 ℃线
--- 沙氏指数<0 ℃线　── K 指数　── $T_{850-500}$　⊥⊥ 700 hPa 干舌　⊥⊥ 850 hPa 湿舌

7.1 km，环境条件有利于强对流天气的发生发展。

到 20 时，CAPE 值达到 1701 J/kg，SI 指数为 −5.2 ℃，K 指数达到了 44 ℃，0～6 km 垂直风切变达 14 m/s，不稳定能量较 08 时有了显著的增长，有利于强对流天气发展和维持。

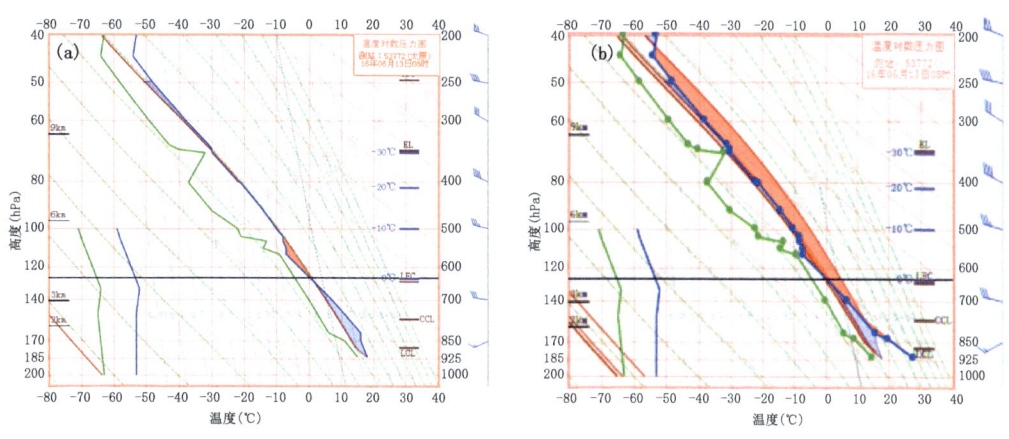

图 3.35　2016 年 6 月 13 日 08 时(a)和用 14 时地面温度订正后(b)的太原探空曲线

3.3.1.4　物理量场分析

1. 水汽通量散度

低层 850 hPa 上水汽通量散度的演变情况如图 3.36 所示。6 月 13 日 14 时山西东部位于水汽辐合区，辐合中心为 -2.4×10^{-5} g/(cm²·hPa·s)，到 20 时水汽辐合增强到 -12×10^{-5} g/(cm²·hPa·s)，水汽辐合的明显增强有利于强对流天气的发展和维持。

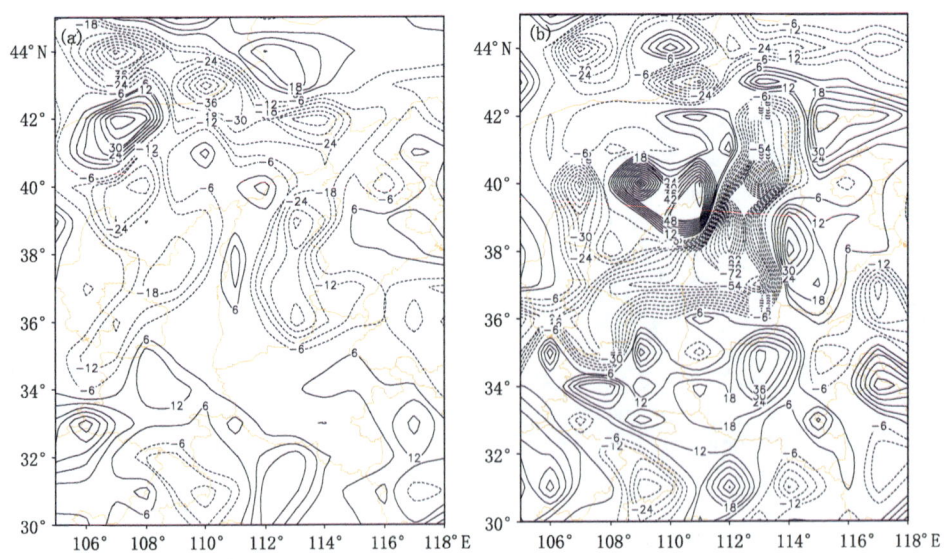

图 3.36　2016 年 6 月 13 日 850 hPa 14 时(a)、20 时(b)水汽通量散度[单位:g/(cm²·hPa·s)]

2. 比湿

从 20 时 500 和 850 hPa 比湿分布来看,山西上空 500 hPa 相对比较干,比湿在 2 g/kg 左右,850 hPa 则有明显的湿舌向山西境内扩展,比湿达到了 12 g/kg(图 3.37)。这样上干下湿的不稳定配置有利于雷暴的新生和发展。

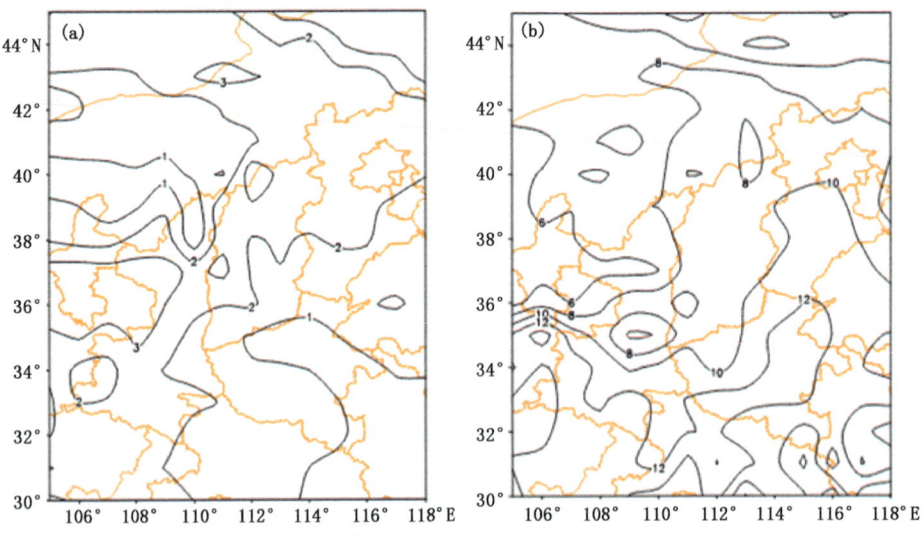

图 3.37　2016 年 6 月 13 日 20 时 500 hPa(a)、850 hPa(b) 比湿场(单位:g/kg)

3. 温度平流

6 月 13 日 08 时高低空温度平流场显示,500 hPa 上空山西处于负温度平流区,而低层 850 hPa 山西正温度平流明显(图 3.38)。结合前文的比湿分析,可知山西上空为上干冷、下暖湿的不稳定层结,有利于雷暴的触发。

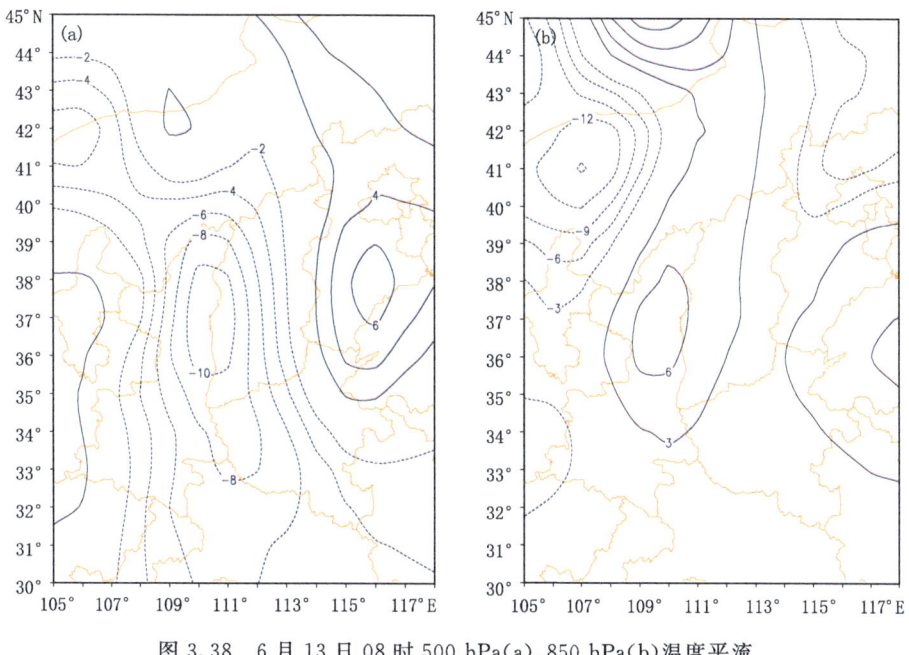

图 3.38　6 月 13 日 08 时 500 hPa(a)、850 hPa(b)温度平流

4. 对流有效位能

从对流有效位能(CAPE)的分布来看(图 3.39),山西处于高不稳定能量的聚集区,14 时山西西北侧的 CAPE 超过 600 J/kg,在 CAPE 大值区午后有雷暴生成,之后雷暴向着不稳定能量更大的晋东南方向移动,到 20 时晋东南地区的 CAPE 值超过了 1000 J/kg,可见雷暴移动路径除了受环境风场的作用,还有向着不稳定能量更大区域移动的特点。雷暴在由西北向东南移动的过程中不断发展并加强,带来了一次全省大范围的强对流天气过程。

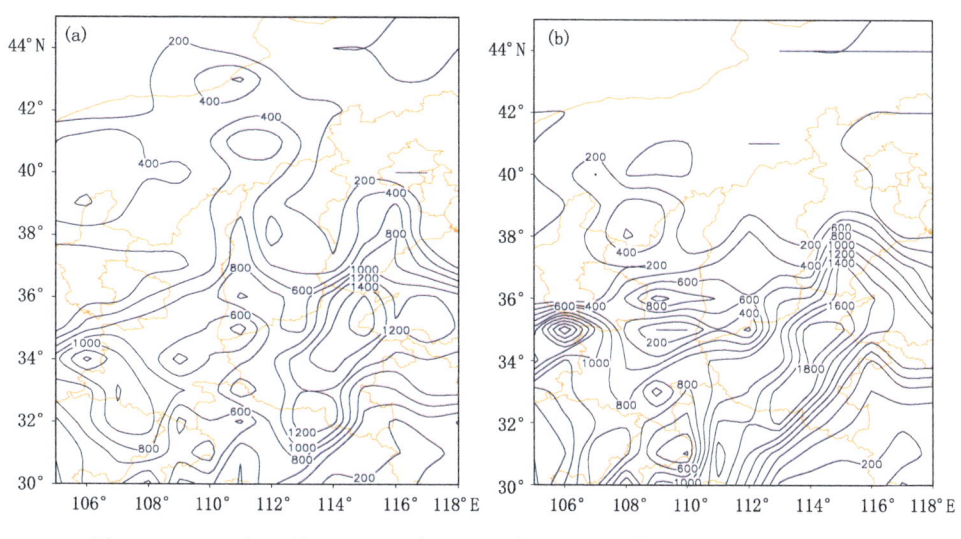

图 3.39　2016 年 6 月 13 日 14 时(a)、20 时(b)CAPE 值空间分布(单位:J/kg)

3.3.1.5 雷暴发展传播与低层大气环境的相互作用

雷暴的发展传播离不开低层大气的辐合抬升,从地面锋前热低压中心延伸出的中尺度辐合线和低空切变线是本次强对流天气的抬升触发系统。卫星云图上,对流云团经过山西北部的地面中尺度辐合线时,迅速强烈发展,涡旋云系不断将周边分散对流云团卷入合并,使分散云团组织化,发展形成了 MCS 云团(图 3.40),之后在有利的环境背景下,继续向东南方向移动,一路发展加强。由 16:30 山西省周边的雷达拼图可见(图 3.41),在山西省西北边界,雷达回波排列成西南—东北走向的线状,已经形成了飑线,其中最大组合反射率因子超过了 55 dBZ。值得一提的是,13 日 20 时地面辐合线的位置较 14 时没有太大的变化,这与地面冷空气没有继续南下有关,由于地面冷锋没有南压,山西低层始终处于锋前暖区,有利于不稳定能量的集聚。

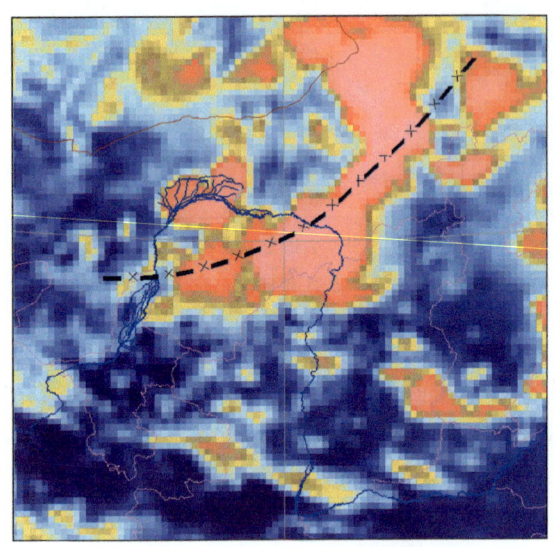
图 3.40　2016 年 6 月 13 日 16 时云图
（点叉线为地面辐合线）

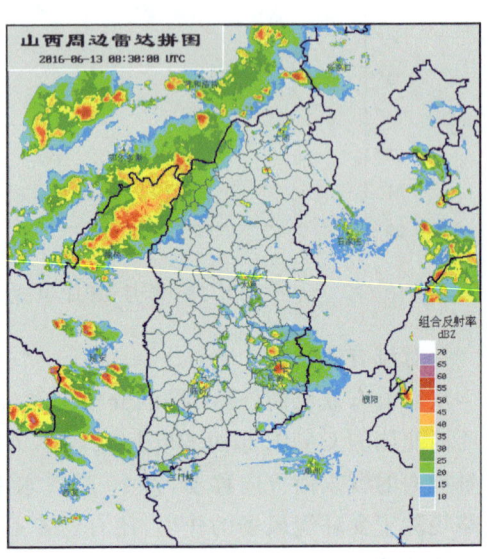
图 3.41　2016 年 6 月 13 日 16:30 山西周边雷达拼图

雷暴的发展传播也会改变低层大气流场,改变后的低层大气流场进一步促进雷暴的传播。在 16:00 地面加密气压场(图 3.42)上,飑线前沿形成了中小尺度的雷暴高压,中心气压达 1002 hPa,其后是尾流低压,中心气压 992 hPa,雷暴高压是由风暴下沉气流在地面造成冷空气堆形成的,它对应着风暴的下沉气流区,在同时刻加密自动站风场(图 3.43)上,雷暴高压表现为由风暴下沉气流导致的近地层偏北出流大风,这支偏北出流大风与飑线移动方向前缘的偏南环境风形成了边界层辐合线,在边界层辐合线上不断触发出新的对流,引导风暴快速发展并向东南移动,造成了大范围的强对流天气。

3.3.1.6 卫星云图特征

如前文所述,这次强对流天气过程中的冰雹是由孤立的强对流单体造成的,雷雨大风和短时强降水是由之后的飑线系统造成的。在高空冷涡影响背景下,山西南部低压暖区生成的对流云泡在地面风场切变线附近发展合并形成超级单体风暴,该超级单体风暴主要给山西长治地区带来大冰雹天气,河套地区生成的对流云团在前倾结构的 500 hPa 槽线与 850 hPa 切变线之间以及在 700 hPa 与 850 hPa 切变线之间发展合并,形成有组织的飑线系统,飑线所经之

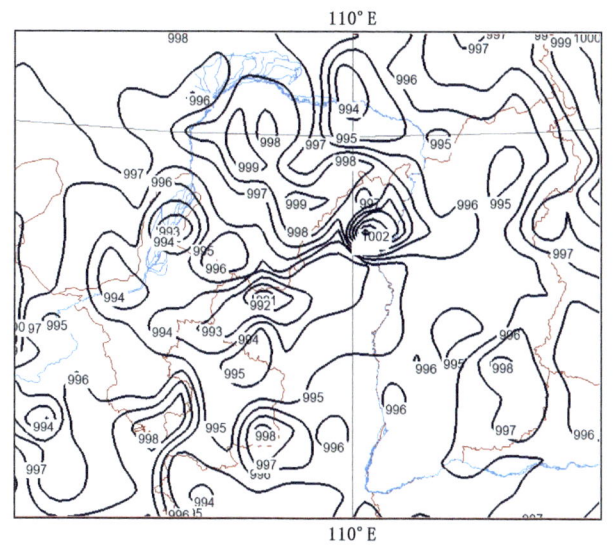
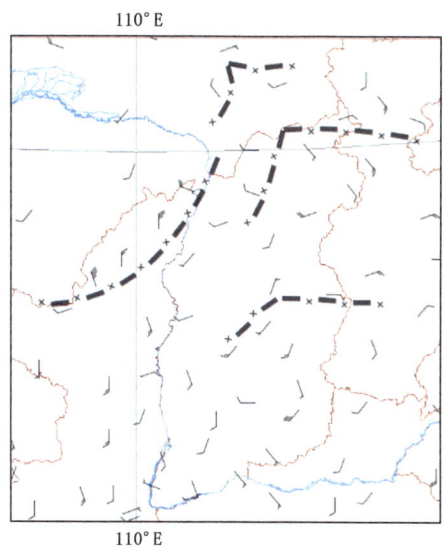

图 3.42　2016 年 6 月 13 日 16 时　　　　图 3.43　2016 年 6 月 13 日 16 时地面风场
　　　　地面气压场　　　　　　　　　　　　　（点叉线为地面辐合线）

处主要给山西带来雷暴大风和短时强降水天气。FY-2d 静止气象卫星红外云图清楚显示了冰雹强对流单体和飑线系统的生成、发展和演变过程。

冰雹强对流单体的演变过程如下：6 月 13 日 14:00（图 3.44b），在锋前暖低压区有 4、5、6 号对流云泡生成，14:00—15:00，4、5、6 号对流云泡在地面风场 β 中尺度切变线附近发展合并，云顶亮温≤−52 ℃，15:00—16:00，合并后的对流云团在风场切变线附近发展成为一个超级单体风暴（图 3.44d），该超级单体风暴在长治的沁县生成，途径襄垣、长治、壶关、陵川，19:00 进入河南境内减弱，结束了对山西的影响。

飑线系统的演变过程如下：13:00（图 3.44a）与前倾槽相配合的 1、2、3 号 β 中尺度对流云团分别位于河套的西北部和内蒙古的中部地区；13:00—14:00，1 号与 2 号云团合并（图 3.44b），14:00—15:00，1、2、3 号云团在 500 hPa 短波槽线与 850 hPa 切变线之间发展（图 3.44c），与此同时在蒙古冷涡后部又有 7、8、9 号 β 中尺度对流云团生成；15:00—16:00，7、8、9 号云团发展合并，(1+2) 号与 3 号云团在 700 hPa 与 850 hPa 切变线之间合并，形成有组织的飑线云系，云顶亮温≤−62 ℃（图 3.44d）；16:00—17:00，(7+8+9) 号云团并入 (1+2+3) 号云团，飑线云系强度进一步增强、范围进一步扩大，并开始影响山西西北部地区（图 3.44e），山西省的河曲、保德、偏关瞬时风力达 7～9 级，13 日 16:00 至 14 日 04:00，在河套东南部先后还有 3 个 β 中尺度对流云团生成、发展和东移，并入飑线云系，20:00—21:00，飑线云系在山西境内覆盖范围最大、强度最强，云顶亮温最低，达到−72 ℃（图 3.44f）。受飑线系统影响，山西境内 16:34—23:00 有 69 个县（市）出现强雷暴，45 个县（市）出现 7～11 级大风，4 站出现了短时强降水。

3.3.1.7　雹暴的触发机制

研究 6 月 13 日下午山西长治地区大冰雹的风暴演变过程发现，风暴的发展演变与地面极大风速风场切变线有密切关系。在高、低空系统配置前倾、上干下湿的环境下，13:05 在地面

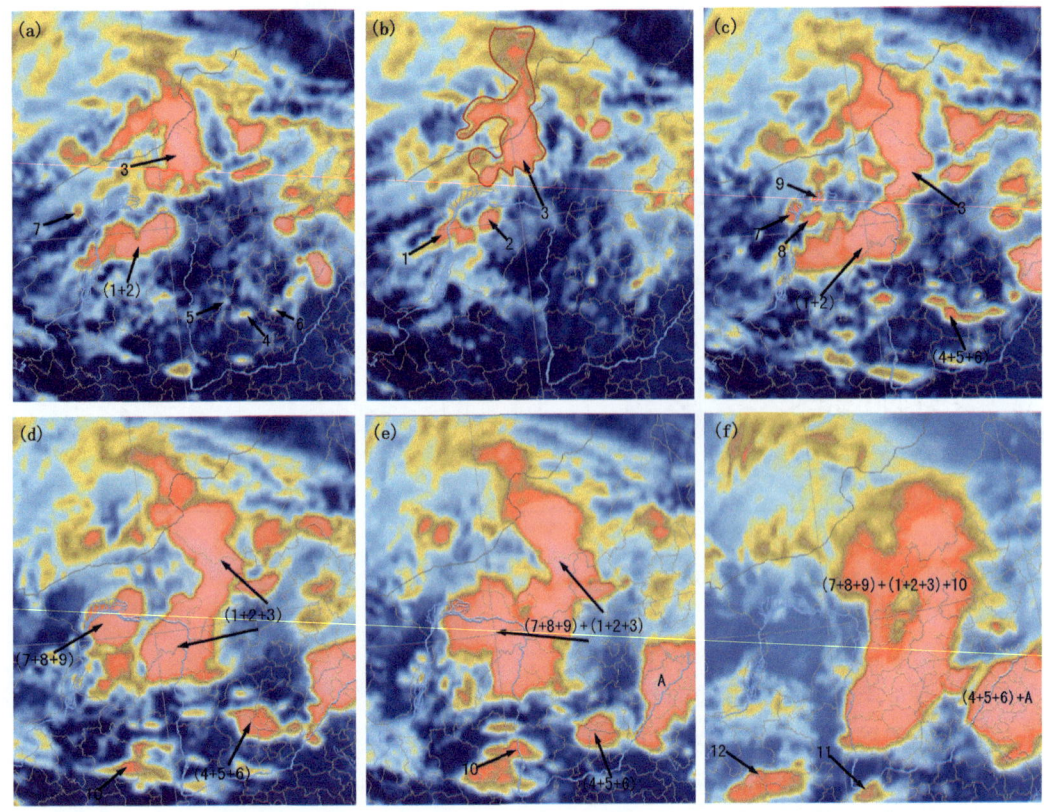

图 3.44 2016 年 6 月 13 日 13—18 时红外云团演变
(a)13 时;(b)14 时;(c)15 时;(d)16 时;(e)17 时;(f)18 时

极大风速风场切变线附近的沁县有回波 20 dBZ 的云泡生成,之后该对流云泡迅速发展,13:36 中心强度已达 50 dBZ,14:02 形成标志超级单体风暴的钩状回波,中心强度达 60 dBZ,反射率因子≥35 dBZ 的回波范围达 7.1 km×8.3 km(图 3.45a),14:02 沁县气象观测站出现直径 14 mm 的冰雹;之后受蒙古冷涡底后部西北气流的引导,风暴向东南方向移动,14:53 风暴中心进入襄垣县,15:00—15:30,风暴范围发展到 8 km×27.7 km,襄垣县夏店、上马、侯堡、虎亭 4 个乡镇 62 个行政村遭受最大直径达 35 mm 的大冰雹袭击;风暴在继续向东南方向移动过程中强度进一步增强、范围进一步扩大,15:10 进入长治市区,钩状回波特征更加明显,15:56 风暴中心强度达 65 dBZ(图 3.45b),15:10—16:00,受地面风场中尺度气旋性涡旋的影响(图 3.46a),风暴在长治市辖区内滞留导致长治市辖区持续 50 min 的大冰雹(最大冰雹直径达 60 mm);16:48,风暴中心进入壶关县,16:48—17:17 壶关县出现了 22 mm 的大冰雹;18:00—19:00,风场切变线南移到晋城市陵川与高平之间,长治市受雷暴高压控制(图 3.46b),持续 4 h 之久的长治大冰雹过程结束;19:07 风暴移出山西,在河南省北部减弱消亡。从超级单体风暴的生成到消亡生命期达 5 h 31 min。

3.3.1.8 2016 年 6 月 13 日冰雹预报着眼点

对 2016 年 6 月 13 日冰雹过程的分析表明:

(1)此次过程发生在东北冷涡后部横槽底部"上干冷、下暖湿"的环境下,高、低空系统配置

第 3 章　山西冰雹天气环流分型

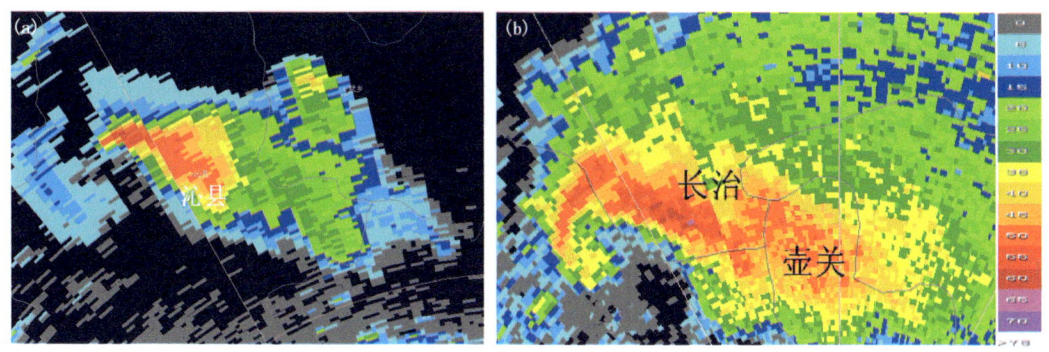

图 3.45　冰雹超级单体风暴的演变(长治多普勒雷达 1.5°仰角反射率因子)
(a)14:02;(b)15:56

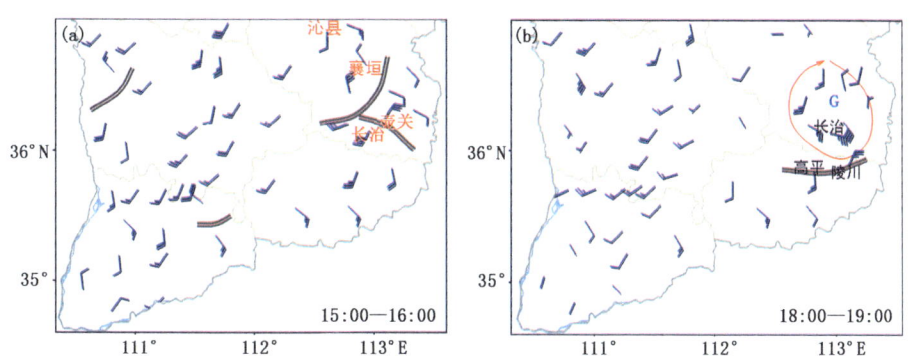

图 3.46　地面极大风速风场切变线(a)和中尺度涡旋(b)的演变

的前倾结构为强对流天气提供了不稳定条件,500 hPa 冷平流和 850 hPa 以下暖平流加剧了不稳定的发展。

(2)此次强对流天气具有充足的水汽和能量。由于强对流发生的前一天有降水,近地层湿度条件非常好,湿层厚,从近地面层到 600 hPa 湿度都大,且抬升凝结高度低,08 时 CAPE 已达到 116.5 J/kg,用 14 时地面温度订正后,CAPE 增加到 1700 J/kg,充足的水汽和能量有利于对流天气发生。

(3)地面锋前暖低压中的中尺度辐合线与低空低涡切变线为本次强对流天气提供了抬升条件。对流云泡在山西南部地面风场辐合线附近迅速发展合并形成超级单体风暴,该超级单体风暴造成长治地区的大冰雹。河套地区生成的对流云团在 700 hPa 与 850 hPa 切变线之间发展合并,对流云团下沉气流导致的近地面偏北出流大风,与前侧的环境偏南气流形成边界层辐合线,辐合线上不断触发新的对流,引导风暴快速发展并向东南移动,形成有组织的飑线系统,飑线所经之处给山西带来大范围的雷暴大风和短时强降水天气。

3.3.2　东北冷涡横槽型概念模型

东北冷涡横槽型概念模型如图 3.47a 所示。500 hPa 高空冷涡控制我国东北地区,冷涡后部有横槽向西伸展至蒙古国西部或我国西北地区,有时槽线也会呈东北—西南向伸展至华北南部,横槽前部有偏西急流,冷空气沿偏西急流扩散至山西,或者从横槽后部分裂南下影响山西。地面上,山西一般受地面气旋或热倒槽控制,受东北冷涡后部快速南下冷空气和近地面强烈升温影响,山西境内层结不稳定,很容易出现雹暴等强对流天气。对流云团在横槽以南生成,沿着横槽呈线性排列,如图3.47b所示,东北冷涡呈涡状云系,其底部黑色线性暗影对应着横槽,横槽南部白亮云团就是对流云团,这些云团在随着横槽东移南压的过程中,遇到有边界层辐合线时迅猛发展,有时会发展成为飑线,有时会在线状对流云团中发展出超级单体,造成冰雹天气。

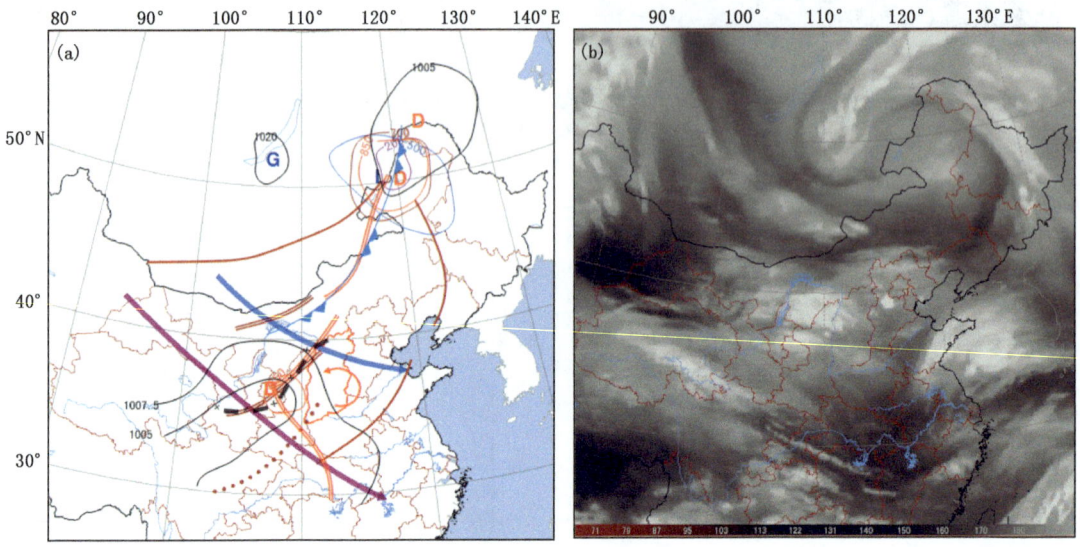

图 3.47　东北冷涡横槽型概念模型(a)及典型水汽图像(b)

3.4　副热带高压边缘型

表3.4给出了副热带高压边缘型的5个山西冰雹天气个例,副热带高压边缘型约占冰雹天气个例总数的8%。此型冰雹一般发生在7月中、下旬和8月上旬,多数情况下出现在山西中南部,常伴有短时强降水。

副热带高压边缘型冰雹天气是在副热带高压与西风槽相互作用下发生的,其主要特征是环流经向度大,500 hPa副热带高压西伸北抬,呈块状结构,588 dagpm等值线从30°N以南延伸至40°N以北,584 dagpm等值线北抬到山西南部,在青藏高原有大陆高压与副热带高压形成两高对峙的形势,两高之间有深厚的西风槽,或者南、北两支槽同位相叠加,南北热量与水汽的输送加强,高度槽后伴有冷槽。与500 hPa高空槽相对应,700 hPa和850 hPa从内蒙古到河套地区有切变线。山西处于2个高压之间的西风槽或切变线前的强西南气流中,常伴有西南急流,且风向与等温线交角大,副热带高压边缘通常湿层深厚,暖湿平流显著,不断北上影响山西。低空急流是动量、热量和水汽的集中带,一方面高温、高湿的环境为强对流天气的发生提供充足的水汽条件,另一方面通过对低层暖湿平流的输送,促使中低层不稳定能量积累,产生位势不稳定层结,低空急流前侧是明显的水汽和质量辐合区,当高空槽携带中、高层的干冷空气东移南下叠加在低层暖湿气流上时,大气层结呈现条件不稳定状态,同时低空急流前也是正切变涡度区,有利于上升运动的发展,触发对流发生。

此型冰雹易出现在副热带高压边缘高空槽前 700 hPa 急流南侧、850 hPa 切变线附近冷暖空气交汇的区域。低层强烈暖湿平流及地面升温对显著不稳定气层的建立起主导作用。850 hPa 或以下有强西南暖湿急流,低层暖脊建立迅速,强对流天气主要是由于低层强烈发展的暖湿平流之上叠加了对流层中、高层的干冷空气,850 hPa 与 500 hPa 的垂直温差＞25 ℃,700 hPa 与 500 hPa 的垂直温差＞15 ℃,形成显著条件不稳定。地面一般处于锋前低压倒槽暖区内,午后升温增湿明显,气压呈下降趋势,并且可能产生热低压,天气表现为高温高湿,进一步增强了不稳定条件。低层西南急流脉动或风速辐合、地面辐合线、低层切变线及地面强烈发展的热低压等是主要的触发抬升条件。

同时,200 hPa 分流区或高空急流产生的辐散机制具有抽吸和通风作用。高、低空急流耦合形成的次级环流的上升支,使垂直上升气流得以维持和加强,克服对流抑制,触发潜在不稳定能量的释放,为强对流天气的发生提供动力背景。

表 3.4　副热带高压边缘型冰雹个例天气概况

日期	冰雹站点	发生时间	伴随天气
20130708	平定		伴短时强降水
20130811	襄汾、沁水、阳城、榆次、吉县、稷山	14:00—17:00	曲沃短时强降水和雷暴大风,晋城伴雷暴大风
20170714	太谷、隰县、稷山、河津	太谷 14:15,河津 17:05—17:22,隰县 17:10—17:15	河津伴短时强降水和雷暴大风
20180716	稷山、平陆	稷山 13:20,平陆 14:37	伴短时强降水和雷暴大风
20190801	忻州、临汾		伴短时强降水

3.4.1　典型个例:2018 年 7 月 16 日的冰雹天气

3.4.1.1　天气实况

2018 年 7 月 16 日的冰雹天气是副热带高压边缘型的典型个例。2018 年 7 月 16 日 13:00—24:00,山西省出现了短时强降水、雷雨大风、冰雹和暴雨并存的混合性强对流天气。山西 109 个县(市)均出现了降雨,其中 24 个县(市)出现了暴雨,古县降水量最大,达 114.7 mm,14 个县(市)出现了短时强降水,13 个县(市)出现了瞬时 7~9 级的大风,平陆、稷山 2 个县出现了冰雹。从暴雨区自动站逐时降水演变和危险天气报告来看,此次强对流天气过程中存在 4 种类型(图 3.48):一是混合型,即短时强降水、冰雹、大风 3 种强对流天气共存(如平陆和稷山),强对流基本集中在 1~2 h 内,3 种强对流天气并发;二是暴雨伴有短时强降水和雷暴大风(晋西南和晋中暴雨区);三是有暴雨但不伴随短时强降水(晋西北暴雨区),此型降水表现为 2 个降水峰值,上午和傍晚出现 2 个降水高峰,分别出现在 10:00—11:00 和 19:00—20:00;四是有雷暴大风,但降水量较小(晋东南区)。

分析山西及周边 14 部雷达的组合反射率因子拼图可知,此次强对流天气过程,平陆、稷

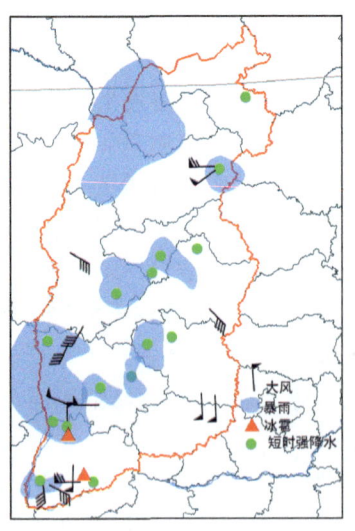

图 3.48 2018 年 7 月 16 日山西暴雨和强对流落区

山短时强降水、冰雹、大风共存的强对流天气是由孤立对流单体造成的。这些孤立对流单体的尺度约为 15 km×20 km,是典型的 γ 中尺度系统(图 3.49a),对流单体的发展速度快,生命期短,稷山的对流单体从 13:12 至 14:12,维持了 1 h,平陆的对流单体从 13:48 至 15:54,维持约 2 h。17:00 在晋西南西界的飑线发展起来,"弓形"特征明显(图 3.49b),此后飑线过境造成晋西南暴雨,并伴有短时强降水和雷暴大风。

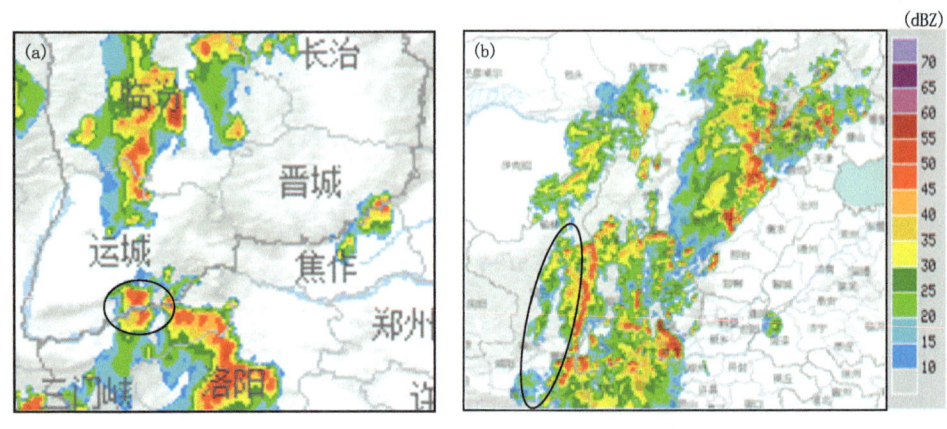

图 3.49 2018 年 7 月 16 日 14:37(a)和 17:00(b)雷达拼图

3.4.1.2 环流形势与系统配置

强对流天气发生前期,山西处于副热带高压西侧边缘高能高湿的暖湿西南气流控制下,强对流天气发生在高空槽携带冷空气东移南下逼迫副热带高压东退南撤的过程中,高空槽携带的冷空气南下叠加在低层暖湿气流上,形成了不稳定层结。副热带高压边缘高温高湿的环境条件为强对流天气的发生提供了能量和水汽。15 日 20 时,高空槽位于山西西部,副热带高压呈块状分布,588 dagpm 等值线北上控制了山西省南部;16 日 08 时,高空槽东移至河套一带,副热带高压明显东退,584 dagpm 等值线随之压在山西省西北部(图 3.50);16 日 20 时,高空槽东移至山西省西边界,副热带高压继续东退,584 dagpm 等值线明显东退南压至山西南部,山西处于高空槽前与副热带高压西侧的西南气流控制中。从高、低空配置来看,与 500 hPa 槽对应的是,700 hPa 在内蒙古中部有冷式切变线,河西走廊地区有"人"字形切变,西南急流呈西南—东北向穿过山西,山西中部处于西南暖湿气流辐合区,有利于水汽和能量在山西的堆积;850 hPa 山西北中部有暖式切变线,有利于不稳定层结的形成和低层气流的辐合抬升;200 hPa 山西处于南亚高压东北侧鞍型场中的高空急流分流区,强烈的辐散抽吸作用加强了低层的上升运动;地面上山西处于地面倒槽底部,晋中和运城地区分别有地面辐合线,地面辐合线是强对流的触发抬升系统,有利于上升运动发展,触发不稳定能量的释放,引起深厚湿对流。

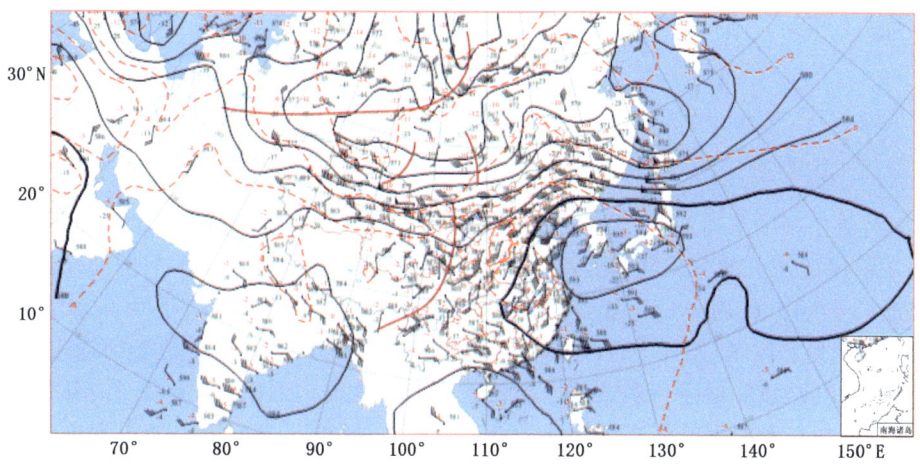

图 3.50　2018 年 7 月 16 日 08 时 500 hPa 高空图

3.4.1.3　水汽条件

强对流和暴雨天气发生前,山西大气中低层水汽条件好、湿层厚。16 日 08 时 850 hPa 比湿 15 g/kg 等值线覆盖全省,大同、朔州、忻州和吕梁等地比湿达 16 g/kg,到 14 时比湿进一步增大,16 g/kg 等值线覆盖全省,西南部达到 17 g/kg,700 hPa 从 08 时到 20 时全省大部分地区比湿均在 10 g/kg 以上。强降水的产生离不开较强的水汽输送和水汽辐合,14 时 700 hPa 山西西部水汽输送很强,水汽通量辐合区位于吕梁、临汾、运城西部等地区,辐合中心的水汽通量散度为 -5×10^{-5} kg/(s·m²)(图 3.51a),强降水区位于水汽通量辐合区及辐合辐散梯度大的地方。14 时山西大部分地区大气整层可降水量超过 44 mm,运城地区达到 56 mm(图 3.51b)。以上表征水汽的各物理量都达到了山西暴雨发生的指标阈值,表明大气非常暖湿,这样的水汽条件十分有利于暴雨和短时强降水的发生发展。

3.4.1.4　东风波的温湿扰动特征及对稳定度的影响

上述环流形势通常是山西典型的暴雨和短时强降水环流形势,这种形势下一般 -20 ℃层和 0 ℃层高度相对较高,冰雹很少发生。这次天气过程之所以出现了冰雹,是因为东风波对强对流起了作用,而东风波北上影响山西的个例十分少见。

东风波是由偏东气流的扰动发展而成的对流层天气尺度的扰动。梁必骐等(1989)研究表明,常见的东风波有三类:深厚东风波、中低层东风波和高层东风波。其中,高层东风波是指

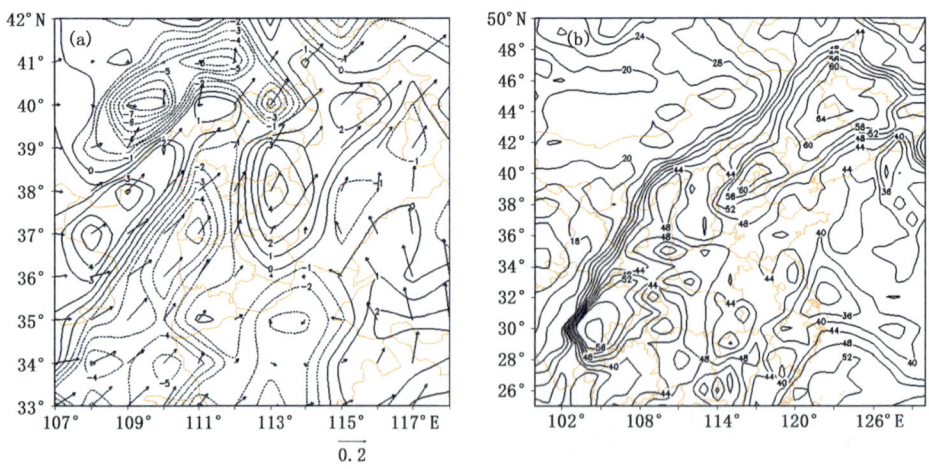

图 3.51 2018 年 7 月 16 日 14 时 700 hPa 水汽通量散度(a,单位:kg/(s·m²))和整层可降水量(b,单位:mm)

500 hPa 至对流层顶的东风波,东风波在北上过程中由于低层部分不易通过季风区而消失,高层部分则在季风层之上的东风继续西移,叠加在低层西风或南风之上,本个例就受到了这样的高层东风波的影响。利用 NCEP 1°×1°间隔 6 h 的再分析资料绘制了 400 hPa、300 hPa、200 hPa 的高度场和风场(图 3.52),可以清楚地看出闭合的东风波中心位于河南东部,且东风波随高度向北伸展,强度增强。东风波西北部的东北风吹向山西南部,给山西南部带来了中高层的冷扰动,叠加在低层副热带高压边缘的高温高湿气流之上,高空降温使得温度垂直递减率增大,大气不稳定增强,从而导致强对流的发生。

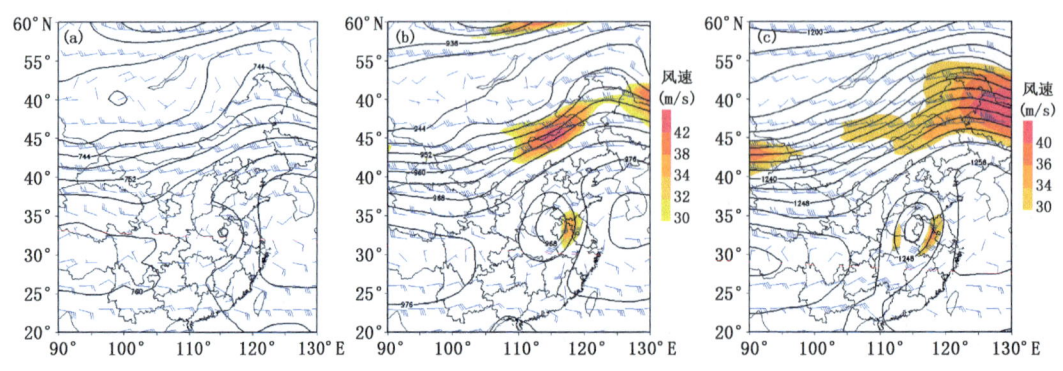

图 3.52 2018 年 7 月 16 日 14 时 400 hPa(a)、300 hPa(b)、200 hPa(c)高度场与风场

假相当位温 θ_{se} 是表征大气温度、压力、湿度的综合特征量,θ_{se} 的分布反映了大气中能量的分布,θ_{se} 场的高值区为高能区,代表了高温、高湿且不稳定的暖气团,θ_{se} 的低值区代表了干冷气团,θ_{se} 场中等值线密集处为能量锋区,能量锋区表示不同属性气团的交汇,强对流天气容易出现在两种气团交汇处。由 500 hPa 和 850 hPa 假相当位温 θ_{se} 分布(图 3.53)可见,500 hPa 山西处于西部高能区与东部低能区之间的能量锋区,也即暖湿和干冷两种气团的激烈交汇区(图 3.53a),850 hPa 高能区已经进入山西南部,θ_{se} 达到了 358 K(图 3.53b),表明能量形势对强对流和强降雨的发生和维持非常有利,低层已经形成了高能高湿的大气条件,为强对流天气的发

生提供充足的能量和水汽来源。850 hPa 与 500 hPa 之间的 θ_{se} 差超过 12 ℃,形成了有利于强对流发生的不稳定条件。

θ_{se} 随高度的变化反映气层对流性不稳定状况,$\partial\theta_{se}/\partial p>0$ 表示气层不稳定,正值越大表示不稳定性越强。沿着冰雹发生地(平陆)的纬度(34.51°N)做 θ_{se} 垂直剖面,由剖面可见平陆所在的 111°E 附近 600 hPa 以上有明显的干冷空气入侵,即东风波带来的中高层干冷扰动,600 hPa 以下是 θ_{se} 随高度上升降低的不稳定区域(图 3.53c)。

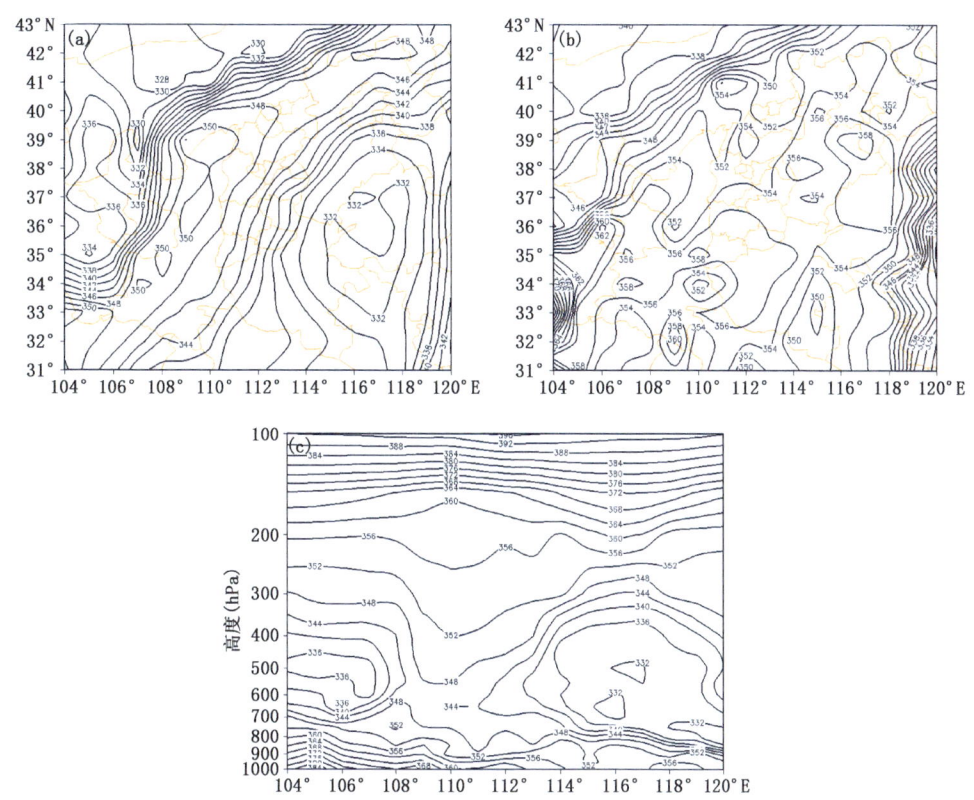

图 3.53　2018 年 7 月 16 日 14 时 500 hPa(a)、850 hPa(b)θ_{se} 分布和沿 34.51°N 的 θ_{se} 垂直剖面(c)

距离平陆较近的河南卢氏的探空资料对山西南部冰雹、雷暴大风和短时强降水皆有的混合强对流天气更具有指示意义,太原站代表了山西中部只出现了暴雨和短时强降水的环境条件。对比 16 日 08:00 卢氏站和太原站的探空资料(图 3.54),用 $\theta_{se850-500}$ 表示 850 hPa 与 500 hPa 的 θ_{se} 差,可以看出,两站 850 hPa 到 500 hPa 的对流层中低层大气都不稳定,但两站的 $\theta_{se850-500}$ 差异显著,卢氏站的 $\theta_{se850-500}$ 达到了 24 ℃,太原站的 $\theta_{se850-500}$ 只有 13 ℃,造成两站 $\theta_{se850-500}$ 差异的主要原因在于两站 500 hPa 的 θ_{se} 差异,卢氏站 500 hPa 的 θ_{se} 是 60 ℃,太原站是 70 ℃,这是因为卢氏站中高层受到了东风波干冷东北风侵入的影响,降温显著,太原站则没有受到东风波的影响,降温不显著,可见东风波增强了大气的不稳定。

进一步对比两站层结状况的差异(图 3.55),卢氏站 500 hPa 以下湿度大,500~300 hPa 是深厚的干冷层,探空曲线呈"上喇叭口"形状,太原则整层湿度接近饱和;卢氏站 CAPE 值为 2552 J/kg,太原站则为 1569 J/kg;0 ℃层高度卢氏站为 5240 m,太原站为 5215 m,−20 ℃层

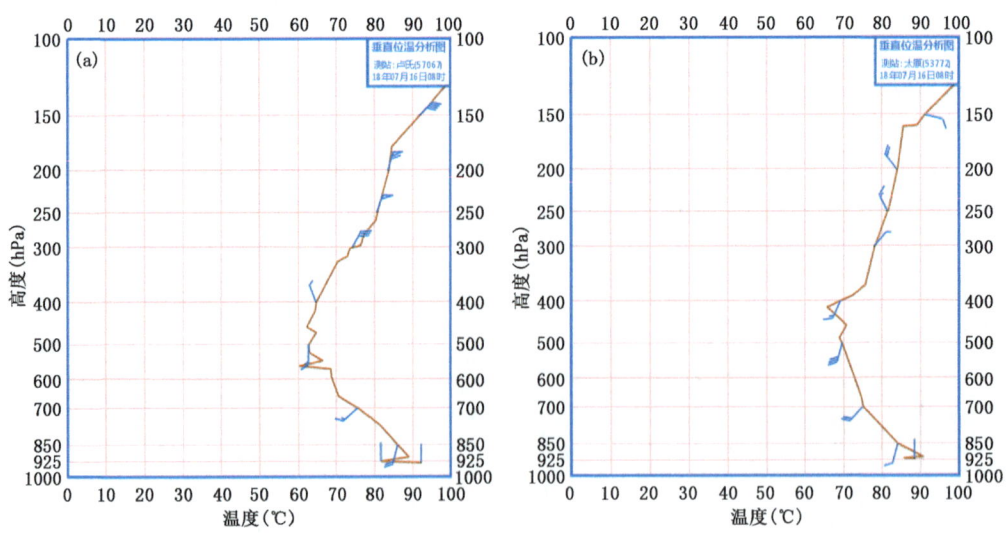

图 3.54　2018 年 7 月 16 日 08 时卢氏(a)和太原(b)探空 θ_{se} 和风场垂直分布

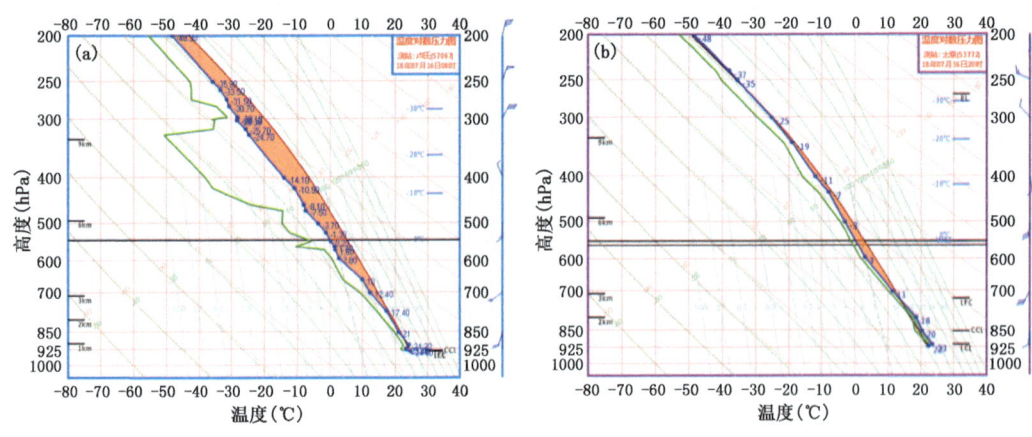

图 3.55　2018 年 7 月 16 日 08 时卢氏(a)和 20 时太原(b)探空

高度卢氏站为 8493 m,太原站为 8718 m。卢氏站 400 hPa 为偏北风,400 hPa 以上高空偏北风大,500～400 hPa 垂直风切变大,太原 400 hPa 是南风,垂直风切变小。可见,受东风波影响的站点和未受东风波影响的站点的探空曲线不同,受东风波影响的站点由于中高层干冷空气的侵入,500 hPa 以上的空气要干冷得多,CAPE 也大得多,CAPE 可转化为上升运动的能量,CAPE 越大,对流云团内部的上升气流也就越强,出现冰雹和雷暴大风的可能性也越大。

　　王笑芳等(1994)指出,中层是否有干冷空气入侵是区别强对流与暴雨的一个重要指标。高层东风波引起的 400 hPa 以上干冷东北风侵入是本次天气过程平陆产生冰雹和雷暴大风的原因,400 hPa 以上干冷东北风侵入加大了垂直风切变,垂直风切变的作用在于引导降水及其下沉气流远离低层的入流上升气流,保证维持雹暴内的强上升气流,在风暴一侧的辐合加强、维持,从而也延长了风暴的生命期(Weisman et al.,1984),有利于对流风暴的发展加强。400 hPa 以上干冷东北气流逐渐卷入风暴降水云区,造成降水粒子大量蒸发,产生的负浮力使得气流加速下沉。另外,后侧入流加强了中层辐合,进一步加强了下沉气流,促使地面灾害性雷暴大风产生。

3.4.1.5 东风波对垂直运动的影响

从经过平陆的散度经向剖面来看,散度分布为西—东的倾斜结构,在 400 hPa 以下辐合、以上辐散,辐合中心在 700 hPa,中心强度 $-2\times10^{-6}\,\mathrm{s}^{-1}$,辐散中心位于 200 hPa,中心强度 $3\times10^{-6}\,\mathrm{s}^{-1}$。低层辐合、高层辐散的垂直结构容易导致上升运动的发展,200 hPa 上鞍型场中辐散区的高层抽吸作用增强了上升运动(图 3.56a)。

从垂直速度的经向剖面也可以看出,上升气流从低层到高层向西倾斜,最大上升中心位于 400 hPa 附近,中心强度为 $-4\times10^{-4}\,\mathrm{Pa\cdot s^{-1}}$。高层东风波的作用使得上升气流达到了 200 hPa 的高度,强烈的上升运动是强对流云团生成的重要机制(图 3.56b)。

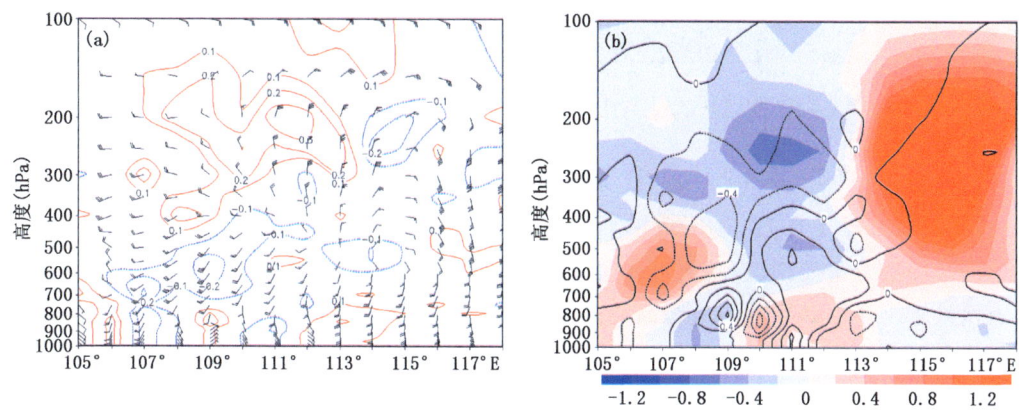

图 3.56 2018 年 7 月 16 日 14 时沿 34.51°N 的散度和风场垂直剖面(a)及垂直速度(等值线)和涡度(阴影)垂直剖面(b)

3.4.1.6 地形抬升触发作用

大尺度动力和热力不稳定为强对流的发生、发展提供了背景条件,不稳定能量为强对流的发展提供了能量,但冰雹等强对流的发生还需有局地的抬升触发机制,将气块抬升到凝结高度。如前所述,稷山和平陆冰雹、短时强降水、大风共存的混合强对流天气是由孤立对流单体造成的,这些孤立对流单体都是在很短的时间内局地生成并迅速发展的,对流单体的产生与稷山、平陆的地形密切相关,地形动力强迫构成的上升运动有利于强对流系统的启动(孙继松等,2006)。稷山北靠吕梁山,南有稷王山,汾河从两山中间穿过,地形为两边高、中间低。16日 14 时地面加密风场上有一条水平尺度约 100 km 的辐合线,辐合线处于南北两山之间的汾河地堑之中,和地形的走向一致,因此可能是一条地形气流辐合线。辐合线北侧为偏东风,南侧为偏南风(图 3.57a),气流呈气旋性辐合,有利于上升运动增强。中尺度地形造成的风场辐合线可以触发对流风暴(Wilson et al.,1986),稷山的强对流天气应该是在该辐合线上启动发展起来的。平陆北靠中条山,南邻黄河,境内地势北高南低,呈阶梯状下降,山垣沟滩遍布,地形、地貌复杂,当地面偏南风吹向中条山(图 3.57b),山地迎风坡的抬升作用引起上升气流,触发强对流。对应在红外云图(图略)上,云团移到稷山和平陆时,受地形抬升的影响,对流云团瞬间增强,云顶亮温达由 $-71\,^{\circ}\mathrm{C}$ 降低至 $-77\,^{\circ}\mathrm{C}$,造成了混合性强对流天气的发生。

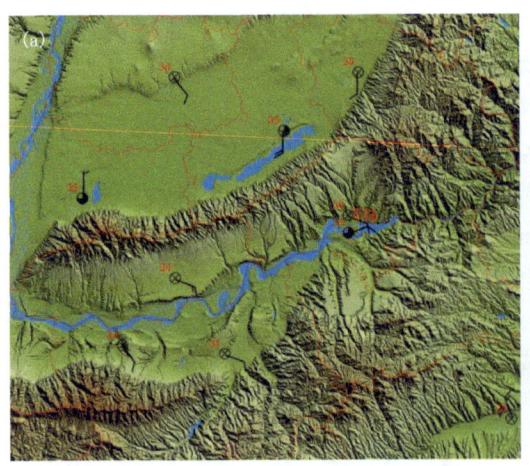 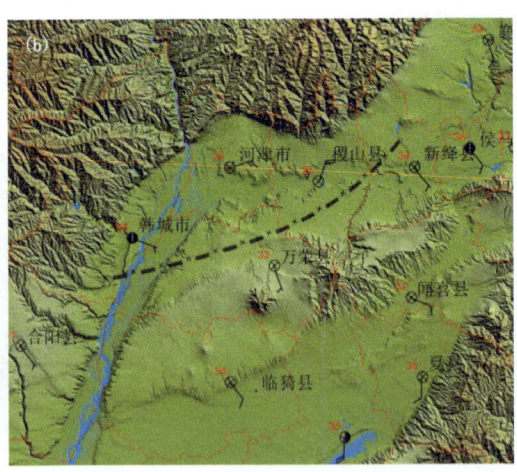

图 3.57　2018 年 7 月 16 日 14 时稷山(a)和平陆(b)地面风场与地形

3.4.1.7　2018 年 7 月 16 日冰雹预报着眼点

通过对 2018 年 7 月 16 日山西高空槽与副热带高压边缘暖湿气流相互作用引发的强对流天气过程的详细分析发现,强对流过程是发生在副热带高压与高空槽相互作用的环流背景下,前期山西处于副热带高压西侧边缘高能高湿的暖湿西南气流控制下,副热带高压边缘高温高湿的环境为强对流的发生提供了能量和水汽条件,强盛低层急流带来的暖湿平流有利于热力不稳定增强、水汽输送和低空垂直风切变维持,当高空槽东移南下逼迫副热带高压东退南撤时,高空槽携带的冷空气南下叠加在低层暖湿气流上,在槽前高湿的暖区中由冷、暖空气交汇产生对流不稳定。这种环流形势通常是山西暴雨和短时强降水的典型形势,在这种形势下出现了冰雹,主要是由于高层东风波的作用,高层东风波使对流层中高层东北干冷空气侵入对流风暴之内,使得高空降温,温度垂直递减率变大,增加了大气的不稳定度,并增强了垂直风切变,中高层的强垂直风切变,配合有利的动力抬升条件,有利于冰雹和雷雨大风的发生。地形对强对流过程有触发作用,地形辐合线和迎风坡抬升引起上升气流,触发不稳定能量的释放,引起了深厚湿对流,β 中尺度对流云团发展旺盛,云顶亮温达到了 －77 ℃。

3.4.2　副热带高压边缘型概念模型

副热带高压边缘型概念模型如图 3.58a 所示。500 hPa 副热带高压呈块状结构,环流经向度大,588 dagpm 等值线西伸北抬到山西附近,584 dagpm 等值线西伸北抬到山西境内,500 hPa 以下山西处于副热带高压与西风槽前的强盛西南气流中,有时西风槽后部还有大陆高压与副热带高压对峙。与 500 hPa 高空槽对应,700 hPa 和 850 hPa 配合有切变线,切变线前常伴有低空西南急流,副热带高压边缘高温高湿的环境为强对流天气的发生提供了能量和水汽条件,当高空槽携带干冷空气东移南下叠加在低层暖湿气流上时,极易触发对流,冰雹易出现在副热带高压边缘高空槽前 700 hPa 急流南侧、850 hPa 切变线附近的冷、暖空气交汇区域。

雷达拼图(图 3.58b)上,回波呈分散块状分布,强回波出现在副热带高压与西风槽之间,850 hPa 温度脊和显著偏南气流的叠加处,当边界层有辐合或在地形作用下,强对流过程极易发展。副热带高压边缘型通常 0 ℃层和 −20 ℃层高度较高,冰雹直径多数情况不大,且常伴有短时强降水。

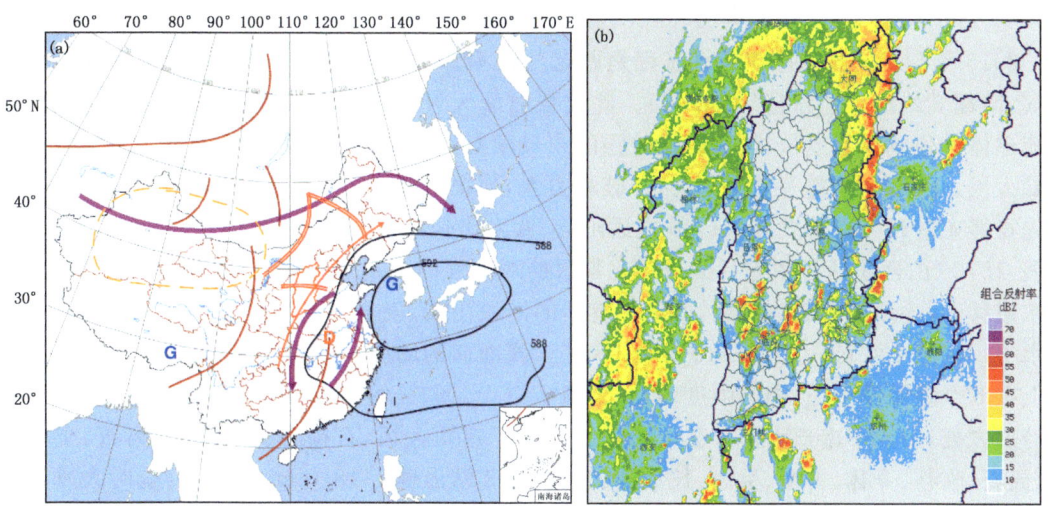

图 3.58 副热带高压边缘型概念模型(a)及典型雷达拼图(b)

3.5 西北气流型

西北气流型冰雹天气较少,约占冰雹个例总数的 5%。表 3.5 给出了西北气流型的 3 个山西冰雹天气个例。

西北气流型冰雹天气主要环流特征是:500 hPa 冷涡位置偏北,通常在 50°N 以北,对山西不构成直接影响,50°N 以南的欧亚大陆气流平直,无明显涡旋和波动,山西主要受平直西北气流控制,属于弱天气系统强迫,但干冷空气很强,通常有西北急流,有时 700 hPa 上也有西北急流,低层 850 hPa 有切变线存在,山西受切变线前偏南气流控制,暖平流明显,地面上配合有暖倒槽。温度场上,高空冷槽叠加在低层暖脊上,850 hPa 和 500 hPa 温差大,层结不稳定。高层冷平流、低层暖平流进一步加剧了对流不稳定发展。冰雹主要发生在低层切变线和地面辐合线附近。此型冰雹一般是由孤立对流单体造成的,常伴有雷暴大风,不易出现大冰雹。

表 3.5 西北气流型冰雹个例天气概况

日期	冰雹站点	发生时间	伴随天气
20120919	长子、阳城		阳城伴短时强降水和雷暴大风
20130602	左权、翼城、吉县、黎城、潞城	吉县 18:29—18:35,黎城 18:58—18:59,潞城 16:55—17:23,左权夜间	
20150506	安泽、闻喜、侯马、襄垣、沁县、武乡、沁水、长子、晋城	沁县、武乡 15:00 左右,其余站点 18:51—20:23	安泽伴雷暴大风

3.5.1 典型个例:2015 年 5 月 6 日山西中南部飑线天气

3.5.1.1 强对流天气实况

2015 年 5 月 6 日的冰雹天气过程是西北气流型。山西中南部大部分县(市)出现了雷雨天气,南部 6 站出现了冰雹(图 3.59)。此次强对流天气是由飑线导致的,飑线是一种由多个对流单体排列成线状或带状、组织性较强的中尺度对流系统。飑线生消迅速,所经之处常伴随雷暴大风、强降水、冰雹等强对流天气,破坏力强,预报难度大。5 月 6 日 12:00 以后对流系统最先在晋东南开始迅速发展,15:00 之后沁县、武乡出现冰雹。与此同时另一对流系统在吕梁发展,15:30 山西雷达拼图上吕梁地区有零散的对流性回波出现,然后强度迅速增强并自西北向东南移动,逐渐发展成为飑线,并不断有新的回波出现、发展。到 19:30,在山西南部形成一条水平尺度约 230 km,宽 15~20 km 的东北—西南向的飑线,其强回波呈现弓形特征,弓形回波上有 6 个强回波中心,中心强度均在 55 dBZ 以上,闻喜、晋城回波中心强度达到 65 dBZ,飑线经过之处,山西中南部大部分县(市)先后出现了雷雨大风,石楼、大宁、隰县、离石、交口、保德、灵石、临县、介休、古交、稷山、长治县、壶关等 13 站出现了 18.0 m/s 以上的瞬时大风,最大风速达到了 27 m/s(灵石),18:51—20:23 山西南部沁水、长子、闻喜、晋城等 4 站出现了冰雹,直径 5~8 mm,并伴有雷雨大风(图 3.59)。这次强对流天气降水量不大,晋城市雨强最大,为 18.5 mm/h。入夜后对流减弱,20:30 以后风雹结束,降水减小。

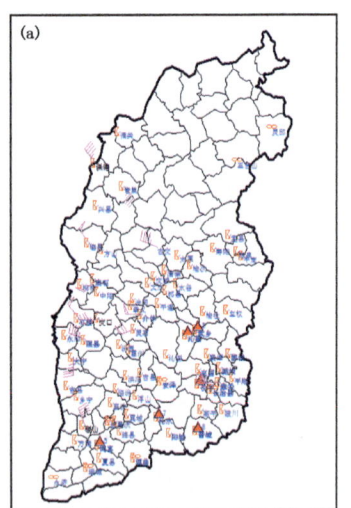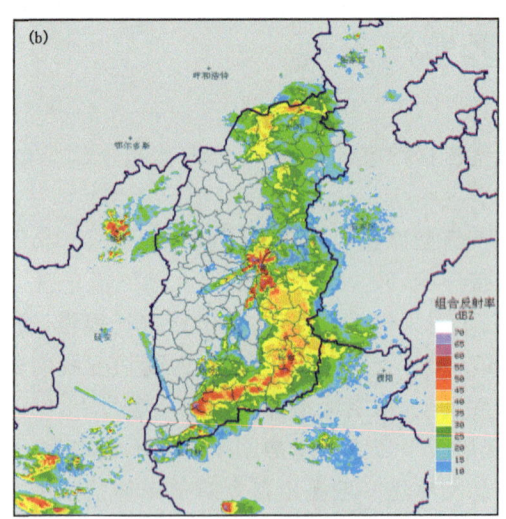

图 3.59 2015 年 5 月 6 日强对流天气站点分布(a)和 19:30 山西雷达拼图(b)

3.5.1.2 环流背景

这次冰雹天气过程的环境场配置如图 3.60 所示。2015 年 5 月 6 日 08 时 200 hPa 从青藏高原到日本海存在一条高空急流,山西中南部处于高空急流北侧的风速梯度大值区;500 hPa 在俄罗斯 90°~150°E 的广大地区有广阔的闭合低压系统,并配合有冷中心,贝加尔湖以东和库页岛以西分别有 2 个冷涡中心,分别位于(51°N,109°E)和(50°N,133°E),在冷涡系统南侧,从新疆到山西南部存在一条强西北急流,在山西南部风速达到 28 m/s。冷涡系统发展深厚,在整个对流层从 850~100 hPa 都有体现,并在地面有低压中心配合。700 hPa 切变线从低涡中心伸展到河套地区,山西处于切变线前面的偏南暖湿气流中,850 hPa 低涡中心位置较 500 hPa 偏东南,在山西正北方的内蒙古。地面形势图上,山西处于锋前倒槽前部的暖区。高空中层西北风急流携带干冷空气东移南下,叠加在低层从我国西南地区向华北方向伸展的暖脊和地面锋前暖区的暖湿气流之上,形成大尺度的上干冷下暖湿的不稳定环境。配合下垫面的不均匀加热作用,在局地形成强的热力不稳定层结,有利于对流系统的发展增强。主要的降雹区域位于 500 hPa 和 700 hPa 西北风急流出口区、200 hPa 高空急流左侧的风速梯度大值区、700 hPa 切变线东南侧,850 hPa 切变线和地面辐合线附近。

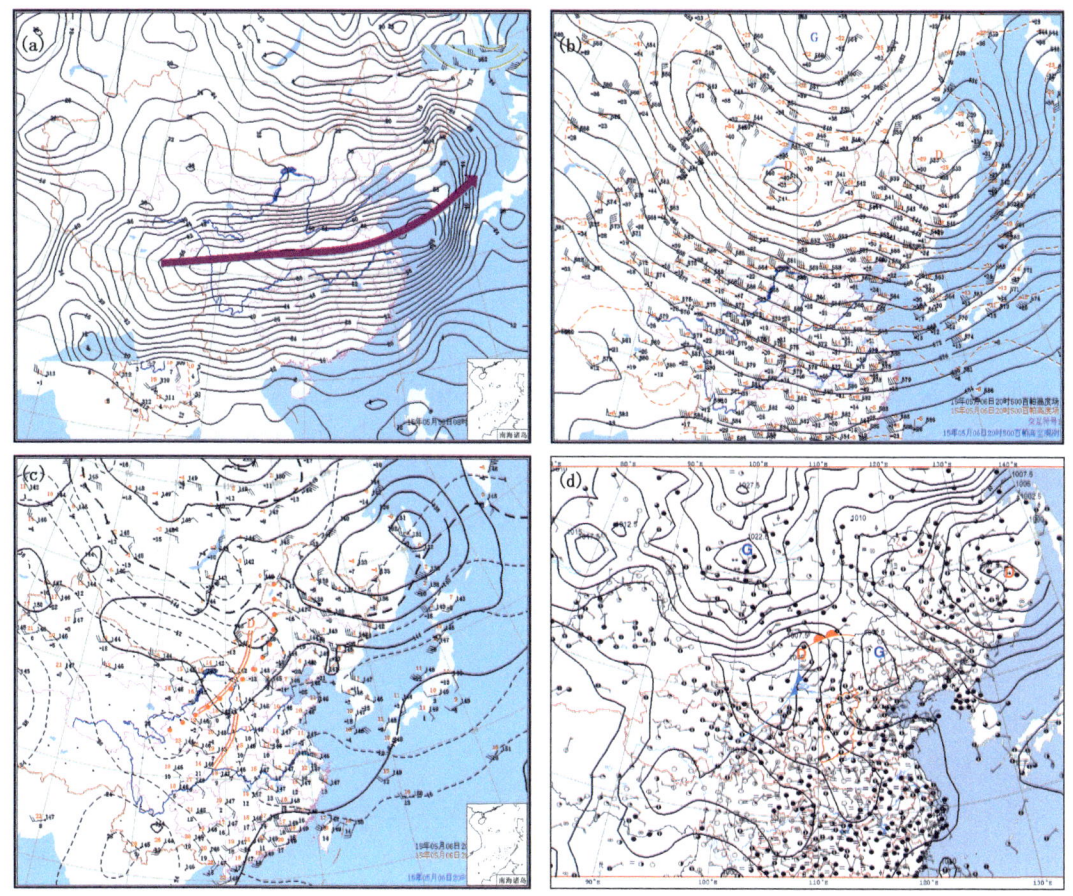

图 3.60　2015 年 5 月 6 日 08 时 200 hPa(a)、500 hPa(b)、850 hPa(c)形势和地面形势(d)

3.5.1.3　地面抬升机制

大多数局地强风暴起源于地面或边界层辐合线附近。分析地面加密 5 min 观测资料可见,15:10 地面加密风场上,沁县、武乡附近有 1 条辐合线,辐合线以北为东北风,以南为东南风,特别是沁县、武乡两个站的风场,呈现出十分明显的 γ 中尺度气旋性辐合(图 3.61a),也就在此时沁县、武乡出现了冰雹。18:51—20:23 晋东南沁水、长子、闻喜、晋城 4 站先后出现了冰雹,对应在 19:00 的地面加密风场(图 3.61b)上,山西南部有 2 条中尺度辐合线,辐合线以北为东北风,以南为东南风,辐合线上还有两个小辐合中心,降雹的站点都在这些小辐合中心。这些地面中尺度辐合线和辐合中心为上升气流提供了抬升动力,导致不稳定能量的释放,是飑线对流系统发生发展的抬升触发系统。

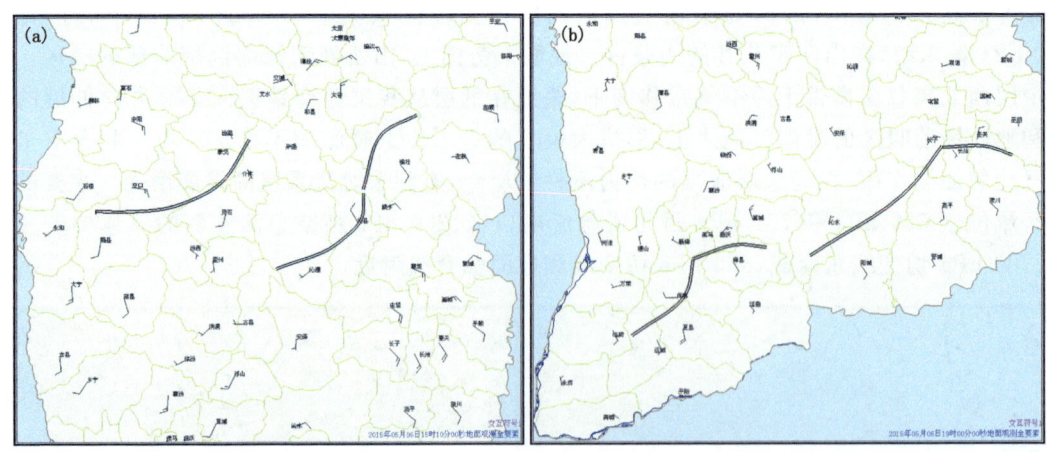

图 3.61　2015 年 5 月 6 日 15:10(a)和 19:00(b)地面 5 min 加密观测

3.5.1.4　强对流天气发生区大气层结特征

1. 热力不稳定物理量

以发生冰雹的晋城附近的郑州站探空观测为代表分析大气层结特征。从 5 月 6 日 08:00 状态曲线和层结曲线的配置来看,大气已经处于不稳定状态(图 3.62a),此时 SI 指数为 －1.64 ℃,K 指数为 23 ℃,CAPE 值为 314.1 J/kg,500 hPa 与 850 hPa 的温度差为－29 ℃、假相当位温差 $\theta_{se850-500}$ 为－9.46 ℃,这些物理量值都达到了强对流天气发生的阈值,指示着测站上空有较大的热力不稳定能量,可以为强对流天气的预报起很好的指示作用。到 6 日 20:00,不稳定度进一步增大,SI 指数为－2.23 ℃、K 指数为 35 ℃、CAPE 值为 325 J/kg,山西东南冰雹、雷雨大风就出现在此时。

θ_{se} 的垂直分布可以反映层结不稳定状况,θ_{se} 随高度递减表示大气呈对流性不稳定。6 日 08:00,在 925～800 hPa θ_{se} 随高度上升递减(图 3.62b),到 20:00,对流不稳定层抬高至 750 hPa。

2. 垂直风切变

在 $T\text{-}\ln p$ 图上,温度平流的特征可通过风向的垂直变化反映。6 日 08:00,地面到 700 hPa 风随高度上升顺时针旋转,表明低层有暖平流发展,700～500 hPa 风随高度上升逆时针旋转,表明高层有冷平流,这种高层冷平流叠加在低层暖平流的垂直分布加剧了大气的不稳定程度。在一定的热力不稳定环境下,强烈的垂直风切变对强对流天气的发生发展起至关重要的作用,垂直风切变的大小往往与对流的强弱关系密切。6 日 20:00,925 hPa 的东风风速为 8 m/s,500 hPa 西风风速为 22 m/s,垂直风切变达到 30 m/s,属于强垂直风切变,超过了一般强对流天气的垂直风切变阈值。

3. 湿度场的垂直分布

从层结曲线与露点曲线的配置来看(图 3.62a),6 日 08:00,2 条曲线在 850 hPa 以下距离较近,在 850～500 hPa 之间距离较远,说明低层湿空气很薄、中高层干燥,到 20:00,850～650 hPa 湿度较 08:00 有所增大,650 hPa 以上温度露点差则进一步增大,两线之间呈现出喇叭口状,表明中高层有干冷空气侵入。这种湿层薄、中高层干冷的湿度分布特征,决定了这次飑线过程以冰雹和雷雨大风天气为主。

第 3 章 山西冰雹天气环流分型

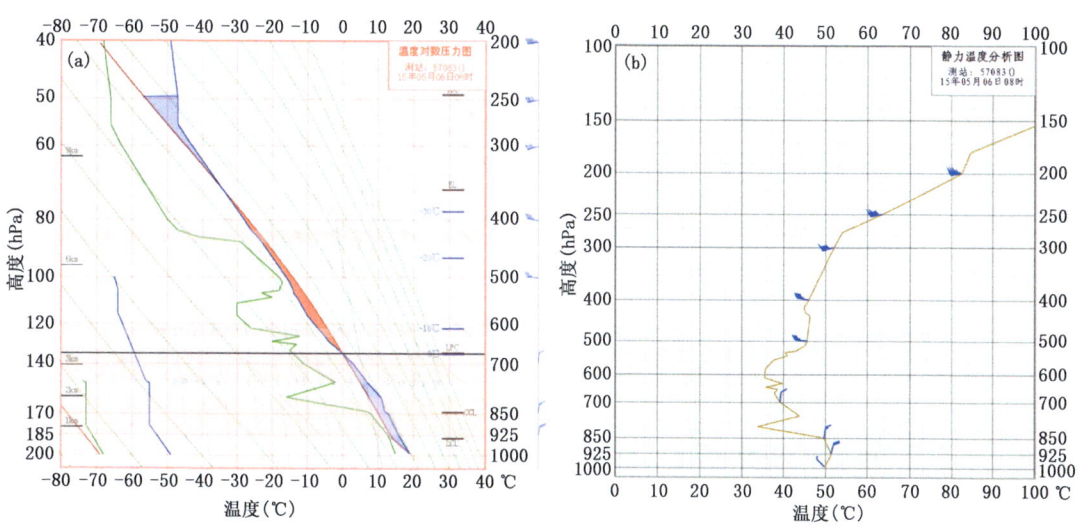

图 3.62 2015 年 5 月 6 日 08 时郑州温度对数压力图(a)及 θ_{se} 和风随高度的变化(b)

3.5.1.5 冰雹站点气象要素变化

飑线过境时常会引起局地气象要素的剧烈变化。以发生冰雹的闻喜县和长子县的自动站分钟数据文件为代表,分析飑线天气过程中温度、气压和风速变化情况(图 3.63)。当闻喜飑线过境时,3 个气象要素变化剧烈:气压存在一个涌升的时段,19:00—19:30 的 30 min 内气压

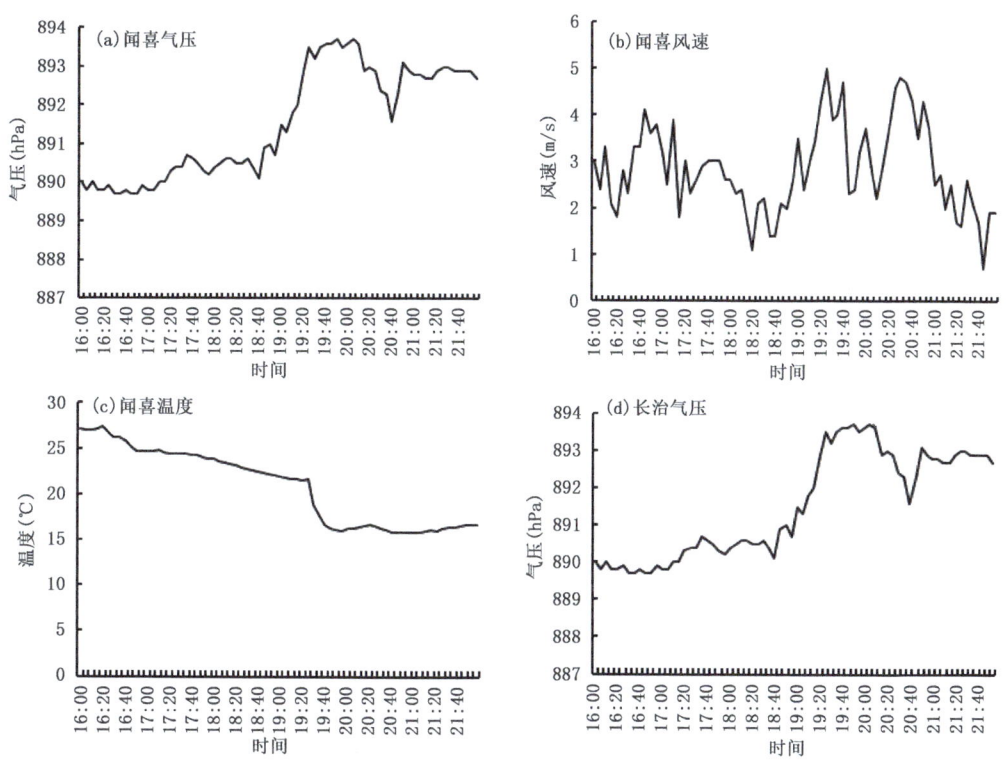

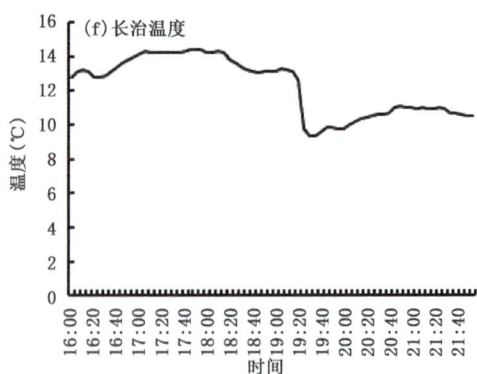

图 3.63　2015 年 5 月 6 日 16:00—21:55 地面 5 min 间隔加密观测

上升了 4 hPa,气压涌升的同时风速明显增大,气温在 19:25 开始迅速下降,到 19:40,在 15 min 之内降幅达 4.9 ℃。长子自动站分钟数据与闻喜的趋势一样,不同之处在于风速变化的幅度更大,19:15—19:20 5 min 间隔内风速从 1.2 m/s 迅速增大到 12.7 m/s。2 个站都表现出气压陡增、温度骤降、风速变大的飑线天气特征。

3.5.1.6　2015 年 5 月 6 日冰雹预报着眼点

2015 年 5 月 6 日发生在山西中南部的冰雹和雷雨大风天气有如下特点:

(1)此次强对流天气是由飑线造成的,在雷达拼图上表现出明显的飑线弓形回波特征,且有强回波中心嵌在弓形回波之上,强回波中心对应着强冰雹和雷雨大风天气。

(2)飑线发生在高空西北急流与地面暖倒槽叠加的大气环境下,高空西北干冷空气与地面倒槽前部的暖湿空气在山西中南部叠加,形成了有利于飑线对流系统发生发展的不稳定环境。

(3)强对流天气发生区有地面中尺度辐合线或辐合中心配合,这些地面中尺度辐合是此次飑线系统发生发展的抬升触发系统。

(4)发生强对流天气的站点大气层结不稳定,垂直风切变很强,达到了 30 m/s,湿度垂直分布上干下湿,且低层湿空气浅薄,这种层结特征决定了这次强对流天气以冰雹和雷雨大风为主。

(5)冰雹发生时,站点表现出气压陡增、温度骤降、风速变大等特征。

3.5.2　西北气流型概念模型

西北气流型冰雹出现较少,概念模型如图 3.64 所示。500 hPa 高空无明显天气系统,属于弱动力强迫型,影响山西的是 500 hPa 西北风急流和 850 hPa 显著偏南气流,850 hPa 有显著温度脊,低层升温增湿明显,高空西北急流携带的干冷空气叠加在低层暖湿气流之上,温度垂直直减率和垂直风切变都大,有利于强对流系统的发展增强。降雹区出现在 850 hPa 切变线和地面辐合线附近。雷达拼图上,在地面辐合线上方的分散对流云团会组织成为线状回波或者飑线,强对流天气通常是以小冰雹伴雷暴大风的形式出现。

第 3 章 山西冰雹天气环流分型

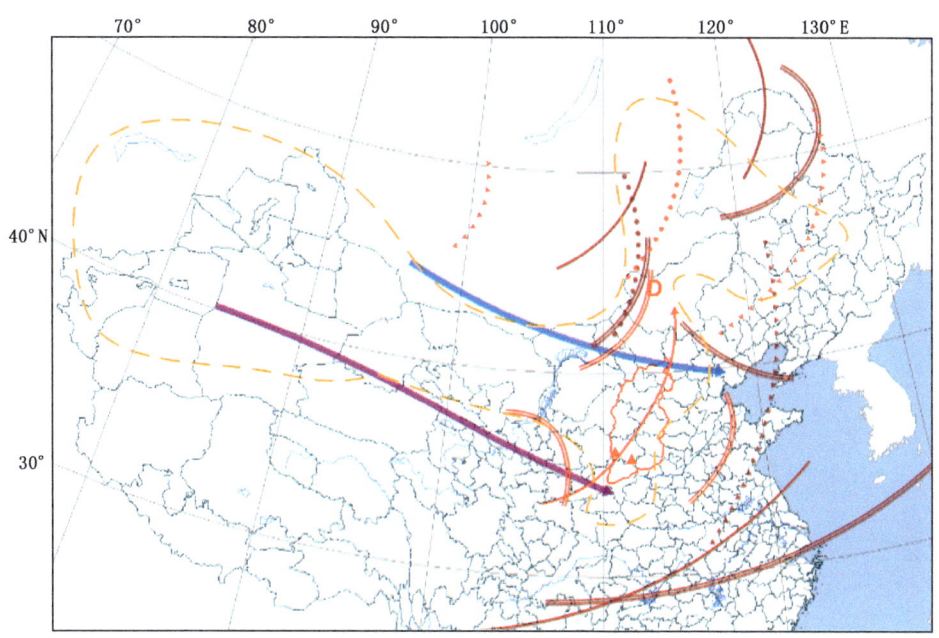

图 3.64 西北气流型概念模型

3.6 高压脊前切变型

高压脊前切变型个例较少,约占总数的 3%(2 例)。表 3.6 给出了高压脊前切变型的 2 个冰雹个例。其主要环流特征是山西地区为高压脊控制,冰雹发生在脊前的切变线附近。

表 3.6 高压脊前切变型冰雹个例天气概况

日期	冰雹站点	发生时间	伴随天气
20100602	黎城		
20170628	大同县、广灵、岚县	大同县 19:18,广灵 21:00	岚县伴短时强降水

2010 年 6 月 2 日的冰雹天气属于高压脊前切变型,黎城出现了直径 35 mm 的大冰雹。2 日 08 时 500 hPa 山西被高压脊控制,处于脊前涡后的偏北气流中,山西南部受高压底部的切变线控制(图 3.65a)。700 hPa 环流形势与 500 hPa 类似,也是偏北气流。850 hPa 山西北部有"人"字形切变线,切变线以西有强大的暖脊从新疆伸向山西。200 hPa 山西南部有高空偏西急流穿过,冰雹出现在急流北侧。

地面上,山西处于东西 2 个高压之间,西北部上游有蒙古热低压向山西 2 个高压之间渗透,08 时地面有雾,表明山西近地层湿度较大。到 14 时,山西上游的蒙古低压逐步加深,中心气压不断降低,伸出的低压槽也进一步向山西南部渗透(图 3.65b),由于热低压属性干热,与山西本地相对湿润的空气交汇,形成地面辐合线,引起辐合抬升。低压槽前缘有显著东南气流吹向黎城,受太行山迎风坡地形影响,加大了辐合抬升。14:00 在山西北部 850 hPa 切变线附近生成了孤立对流云团,之后顺着高压脊前偏北引导气流南下,17:30 移到黎城时,受地形抬升影响加强,云顶变高,出现了大冰雹。

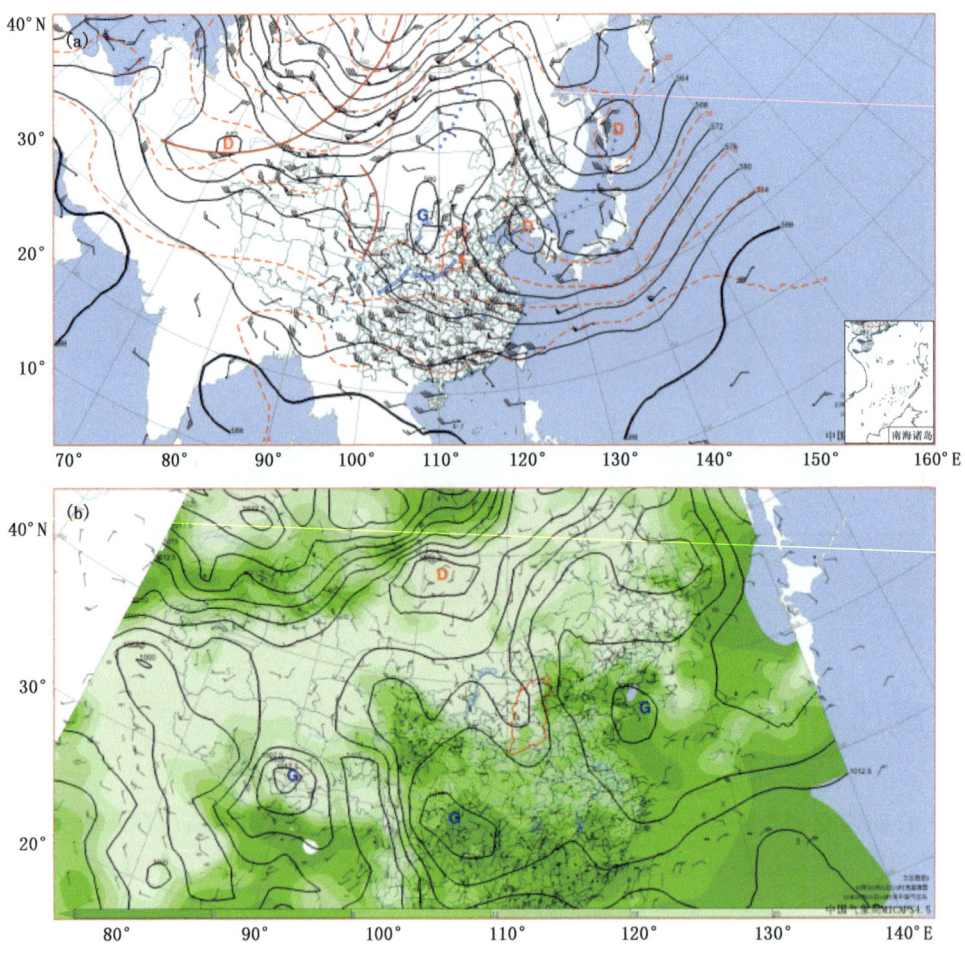

图 3.65 2010 年 6 月 2 日 08 时 500 hPa(a)和海平面(b)气压场叠加地面 $T-T_d$

3.7 山西冰雹潜势预报着眼点

通过对山西 2008—2019 年的 67 个冰雹天气过程的环流形势、热力条件、动力条件、触发机制等进行了详细分析,归纳出山西冰雹天气的潜势预报着眼点:

(1)依据 500 hPa 主要影响系统对冰雹天气环流形势进行分型,得出了 6 种形成冰雹的天气学概念模型,分别是蒙古冷涡型、高空槽型、东北冷涡横槽型、副热带高压边缘型、西北气流型和高压脊前切变型。6 种类型发生的比例分别为蒙古冷涡型 34%,高空槽型 34%,东北冷涡横槽型 16%,副热带高压边缘型 8%,西北气流型 5%,高压脊前切变型 3%。

(2)6 种天气概念模型的共同点是,山西冰雹日从 850 hPa 到 500 hPa 各层均有动力辐合系统会在当天过境影响山西，影响山西的高空系统干冷，低层系统暖湿，并且高空系统配合有明显的冷平流，低层则暖平流明显，形成上干冷、下冷湿的不稳定层结。

(3)冰雹日850 hPa在山西西部上游一般有暖脊，暖脊的形成与高空涡、槽后部的下沉升温以及低空暖平流有关。在我国西北地区一般有暖中心，从暖中心有东西走向的温度脊伸向山西，暖脊覆盖区域通常空气干热，在偏西或西南气流作用下，暖空气向东向北输送，与高空500 hPa涡或槽后部的冷平流区垂直叠加，导致大气层结不稳定，850 hPa与500 hPa温差达到或超过30 ℃。

(4)低层都有明显的切变线，切变线以东或以南通常有偏南风，但除副热带高压边缘型外，风速一般达不到低空急流的程度。

(5)冷涡底部或高空槽后部的风速通常比较大，常有20 m/s以上的中空偏西急流，急流使山西高空更加干冷，加大了高、低空的温度差，加剧了热力不稳定。另外，急流大风速带造成了高低空强垂直风切变，加剧了动力不稳定，冰雹容易出现在500 hPa中空急流附近。

(6)冰雹日的地面形势大多东高西低，山西西北部上游有闭合热低压或锋面气旋，或者是有热倒槽自我国西南地区伸展至山西，山西以东通常有冷高压。西部气团干热，东部气团湿冷，两种不同属性的气团在山西境内交汇，形成了中尺度辐合线或干线，引起地面气流辐合抬升，触发不稳定能量释放，产生冰雹强对流系统。地面辐合线或干线是大多数冰雹个例的触发系统，冰雹通常发生在地面辐合线或干线的相对湿区一侧。

(7)冰雹发生前山西经常有雾和小量级的降水，使得山西近地面湿度增大，为冰雹的发生提供水汽，积累不稳定能量。

(8)当夏季贝加尔湖或以东地区有阻塞高压维持，形成了东阻形势，阻碍了蒙古冷涡或高空槽系统的东移，使得冷涡或冷槽停滞少动，持续影响山西，会产生持续数日的连续冰雹天气。阻塞高压的建立和维持，是夏季连续冰雹的预报着眼点。

(9)冷涡型和高空槽型的冰雹天气，若低纬度东部海上有台风或热带风暴活动时，其外围偏东风吹向山西，有利于山西东部低层气流汇合上升和水汽补充，产生冰雹。另外，台风或热带风暴形成了东阻形势，阻滞了冷涡或槽的东移，使得冷涡或槽持续影响山西，产生连续数日的冰雹等强对流天气。

(10)冰雹的强弱与山西距冷涡中心的距离和位置有关，山西被冷涡中心控制，处于冷涡的东南象限时，强对流最强，最易出现大冰雹。

第 4 章　山西冰雹天气的环境参量统计特征

在潜势预报中较准确地预报出冰雹事件,是预报业务中面临的重要挑战之一,环流形势只是冰雹天气发生的背景条件,在有利的形势下能否出现冰雹天气,还取决于对冰雹天气发生的潜势提前做出估计,判断能否满足水汽、不稳定层结、抬升以及垂直风切变等冰雹强对流天气的条件。不稳定、水汽和动力抬升是雷暴生成三要素,也是冰雹天气发生的必要条件,对冰雹发生前表征雷暴生成三要素的特征物理量进行统计分析,从而识别冰雹发生的环境条件,仍然是冰雹短期时效潜势预报的主要手段(Doswell et al.,1996;王秀明 等,2014;Johns et al.,1992;Johnson et al.,2014;McNulty,1995;Rasmussen et al.,1998;俞小鼎 等,2007;郑永光 等,2015)。

探空资料作为唯一能对高空大气进行立体探测的高精度实况资料,能够反映探空站以及附近气象要素的垂直分布情况。大气垂直稳定度、水汽和垂直风切变等环境条件主要根据探空资料进行分析和判断,探空分析是夏季预报强对流天气不可或缺的手段,可以为强对流预报提供分析参考的依据,判断强对流的条件和类型。

针对山西冰雹环境参量的研究,预报员虽然积累了一定的主观预报经验,但是还缺乏客观定量的预报依据。将主观经验与冰雹发生的客观环境结合起来,并给出能够业务应用的客观阈值和指标范围,是冰雹预报中亟需解决的问题。对环境参量的统计诊断分析有助于了解冰雹发生的物理过程,在实际天气预报中具有指示意义。

本章对表征冰雹天气动力、热力和水汽环境条件的多个环境参量进行统计分析,给出了冰雹天气发生前各个环境参量集中出现的统计阈值范围,这些环境参量的阈值可作为冰雹天气发生的潜势预报指标。按照有无直径≥2 cm 的大冰雹出现,把冰雹日样本分为大冰雹日和小冰雹日两组,对大、小冰雹天气的环境参量特征进行对比分析。

4.1　冰雹预报的主要环境参量

冰雹潜势预报中常用的主要环境参量有对流有效位能(CAPE)、下沉对流有效位能(DCAPE)、对流抑制能量(CIN)、K 指数、SI 指数、抬升指数(LI)、总指数(TT)、850 hPa 和 500 hPa 假相当位温差、850 hPa 和 500 hPa 温度差、最大上升速度、0~6 km 垂直风切变、0 ℃层高度、−20 ℃层高度、抬升凝结高度、对流凝结高度(CCL)、自由对流高度(LFC)、平衡高度、对流温度、整层可降水量以及 500 hPa、700 hPa 和 850 hPa 各层的比湿、400 hPa、500 hPa、700 hPa 和 850 hPa 各层的温度露点差、700 hPa 到 400 hPa 的平均温度露点差、700 hPa 到 400 hPa 的最大温度露点差等。

第4章 山西冰雹天气的环境参量统计特征

此外,雹暴发生前最邻近雹暴触发时刻的冰雹发生地的地面温度、地面露点、地面温度露点差等也是冰雹潜势预报的重要物理量。

4.2 环境参量的统计方法

利用山西2008—2019年67个冰雹日的探空资料和地面温度、露点温度观测资料,计算并统计上述环境参量。通过分析环境参量的阈值,给出对冰雹预报具有指示意义的环境参量敏感因子,制作冰雹天气的潜势预报。

大多数环境参量由每个冰雹日08:00或20:00的探空数据经过订正得出。山西只有太原1个探空站,08:00和20:00每隔12 h观测一次,这样的时空分辨率对于强对流潜势和临近预报来说都是远远不够精细的。山西对流活动多发生在午后到傍晚(吴占华 等,2015),由于下垫面的持续加热,到了午后或傍晚,反映温、湿度等条件的物理量值相对于早晨发生了很大的变化,比如CAPE值往往明显增加,而CIN值则明显减小(俞小鼎 等,2007;王秀明 等,2014)。因此,以08:00探空状态判断下午和傍晚的对流潜势,由于相隔时间太长误判的可能性很大。到20:00强对流过程往往已经结束,因此20:00的探空资料也缺乏很好的代表性。为了使探空数据对强对流天气具有更好的指示性,常用的解决办法是选取冰雹发生前时间间隔短、距离间隔近且未受强对流天气影响的探空站(包括冰雹发生地上、下游的探空站),对该站08:00的探空资料进行订正。假定地面起始气块以该温度和露点起始上升,地面以上探空曲线不变,可以得到订正的探空数据。订正后的物理量值对于午后和傍晚发生的雷暴具有更好的指示作用。对于少数发生在夜间的冰雹个例,则订正20:00的探空资料。主要用到的探空站有太原站、呼和浩特站、延安站、东胜站、张家口站、西安站、郑州站等。

探空订正的工具是上海市气象局开发的探空订正软件SANDS,SANDS是目前实际预报业务中常用的探空订正软件,该软件已经获得了软件著作权(戴建华 等,2019)。利用地面加密观测资料,把冰雹发生前1 h冰雹发生地本站的地面温度和露点输入SANDS软件,对冰雹发生前08:00或20:00的探空资料进行订正,获取订正后的T-$\ln p$图和相应环境参量,形成冰雹天气发生前的探空环境参量。探空订正时遵循以下三个原则:(1)订正站点和探空站点在同一属性的气团内;(2)订正站点和探空站点基本在同一海拔高度;(3)订正时订正站点尚未有雷暴发生。

还有一部分环境参量是利用地面加密观测资料统计的,主要有雹暴发生前最邻近雹暴触发时刻的冰雹发生地的地面温度、地面露点、地面温度露点差等。

山西小冰雹发生较为频繁,但造成严重灾害的往往是发生较少的大冰雹,大冰雹和小冰雹天气的环境条件差异显著,在预报中需要区别对待,有必要对大冰雹和小冰雹天气的环境参量进行对比研究,找出不同尺度冰雹天气的敏感环境参量,给出能够业务应用的客观阈值范围,为制作冰雹强对流天气的潜势预报提供客观定量的依据。因此,基于2008—2019年相对详细的冰雹记录,以冰雹直径2 cm为阈值,将67个冰雹日个例分为23个大冰雹日和44个小冰雹日两类,对比研究大、小冰雹的相应环境参量分布特征。大冰雹日个例的选取依据是某日全省至少有一站出现了直径≥2 cm的大冰雹,小冰雹日个例的选取依据是某日全省超过5站出现了冰雹,但冰雹直径都<2 cm。选取典型个例时,除了气象站的冰雹观测数据,还采用了山西省气候中心提供的灾情报告。

利用箱线图绘制出每种环境参量的最大值、最小值、75％分位数、25％分位数，以及中位数的分布，并对大冰雹和小冰雹的每种环境参量进行对比。箱线图中，四分位值可以反映出中间50％数据的离散程度，数值越小说明中间数据越集中，数值越大说明中间数据越分散。

4.3 环境参量分布特征

4.3.1 层结稳定度

反映大气层结稳定度的环境参量有 850 hPa 与 500 hPa 温度差、850 hPa 和 500 hPa 假相当位温差、K 指数、沙氏指数(SI)、抬升指数(LI)及总指数(TT)等。

850 hPa 与 500 hPa 的假相当位温差 $\theta_{se850-500}$ 能较好地代表对流层中下层大气条件不稳定度，$\theta_{se850-500}$ 的高值区对于未来强天气的落区具有一定的指示意义，$\theta_{se850-500}$ 超过 10 ℃，表明大气潜在的不稳定能量大，同时也表明中层的 θ_{se} 小，有利于深对流的发展(张小玲 等，2012)。图 4.1 给出了山西大冰雹日和小冰雹日的 $\theta_{se850-500}$ 分布箱线图，图中最上端和最下端的短横线表示大、小冰雹环境参量的最大值和最小值，箱体上端框线表示第 75 百分位数，下端框线表示第 25 百分位数，箱体中间"＋"表示中位数。由图可见，冰雹天气 850 hPa 与 500 hPa 假相当位温差的阈值是 3.4～41.8 ℃。50％大冰雹日的 $\theta_{se850-500}$ 集中在 14.2～25.7 ℃，小冰雹日集中在 13.9～23 ℃，大冰雹日的 $\theta_{se850-500}$ 中位数是 20.5 ℃，小冰雹日的 $\theta_{se850-500}$ 中位数是 17.3 ℃，大、小冰雹日的上限阈值分别是 41.8 ℃ 和 33 ℃，下限阈值分别是 6.6 ℃ 和 3.4 ℃。大冰雹日的 $\theta_{se850-500}$ 比小冰雹日的整体偏大。

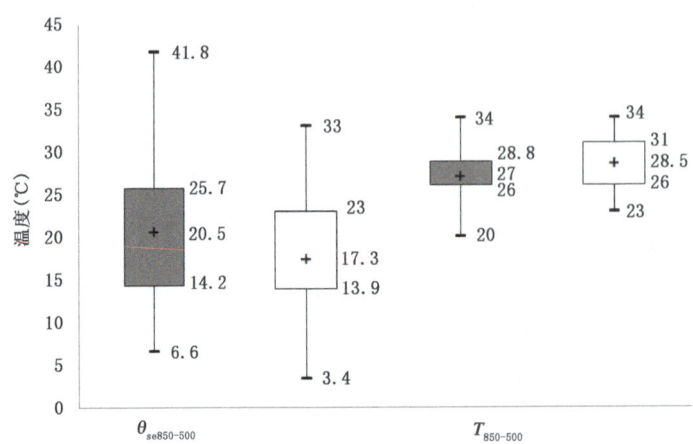

图 4.1　大、小冰雹日 850 hPa 与 500 hPa 假相当位温差与温差
(阴影表示大冰雹，空白表示小冰雹，最上端的短横线为统计量最大值，最下端的短横线为统计量最小值. 箱体上部框线为第 75 百分位值，下部框线为第 25 百分位值，＋为中位数，下图同)

层结不稳定在 850 hPa 与 500 hPa 的温差($T_{850-500}$)上也有所反映，已有研究结果(许爱华 等，2014)表明，一般温差高于 26 ℃ 就比较有利于对流发生。由大、小冰雹日的 $T_{850-500}$ 分布可见，冰雹天气 850 hPa 与 500 hPa 温差的阈值是 20～34 ℃。50％大冰雹日的 $T_{850-500}$ 集中在

26~28.6 ℃,小冰雹日集中在 26~31 ℃,大冰雹日的 $T_{850-500}$ 比小冰雹日的分布更为集中。大冰雹日的 $T_{850-500}$ 中位数是 27 ℃,小冰雹日的 $T_{850-500}$ 中位数是 28.5 ℃,大、小冰雹日的上限阈值都是 34 ℃,下限阈值分别是 20 ℃和 23 ℃。大冰雹日的 $T_{850-500}$ 比小冰雹日的偏小。

通常 850 hPa 至 500 hPa 之间的厚度约为 4.2 km,相当于 50%的大冰雹日的温度直减率集中于 6.2~6.8 ℃/km,中值为 6.4 ℃/km,50%的小冰雹日的温度直减率集中于 6.2~7.4 ℃/km,中值为 6.8 ℃/km。大冰雹日比小冰雹日的温度直减率小一些。

对比发现 $\theta_{se850-500}$ 的指示性比 $T_{850-500}$ 好,可能是因为 $\theta_{se850-500}$ 包含了水汽的信息,说明大、小冰雹日的主要差异在于水汽而不在于温度直减率。

SI 指数也是表征大气层结不稳定的指数,又称肖沃特指数,定义为 850 hPa 等压面上的湿空气团沿干绝热线上升,到达凝结高度后再沿湿绝热线上升至 500 hPa 时所具有的气团温度 T' 与 500 hPa 等压面上的环境温度 T_{500} 的差值。当 SI<0 时,大气层结不稳定,且负值越大,不稳定程度越大,反之则表示气层是稳定的。由大、小冰雹日 SI 指数分布(图 4.2)可见,冰雹均出现在 SI<0.7 ℃的不稳定环境中,50%大冰雹日的 SI 指数集中在 -5.3~-2 ℃,小冰雹日集中在 -5.2~-2.9 ℃,大冰雹日的 SI 指数中位数是 -4.2 ℃,小冰雹日 SI 中位数是 -4.6 ℃。大、小冰雹日 SI 的差异不明显。

抬升指数(LI)定义为气块从低层 900 m 高度沿干绝热线上升,到达凝结高度后再沿湿绝热线上升至 500 hPa 时所具有的温度 T' 与 500 hPa 等压面上的环境温度 T_{500} 的差值。当 LI<0 时,大气层结不稳定,且负值越大,不稳定程度越强,反之则表示气层是稳定的。由山西大、小冰雹日 LI 箱线图(图 4.2)可见,冰雹出现在 LI 介于 -13~-1.8 ℃的不稳定环境中,50%大冰雹日的 LI 集中在 -7.6~-4.7 ℃,小冰雹日集中在 -7.3~-4.3 ℃,大冰雹日的 LI 中位数是 -7 ℃,小冰雹日的 LI 中位数是 -5.6 ℃,大、小冰雹日 LI 的上限阈值分别是 -2.6 ℃和 -1.8 ℃,下限阈值分别是 -13 ℃和 -11 ℃。大冰雹日的 LI 比小冰雹日的整体偏小,说明大冰雹需要更不稳定的大气层结。另外,LI 比 SI 有更明确的指示作用。

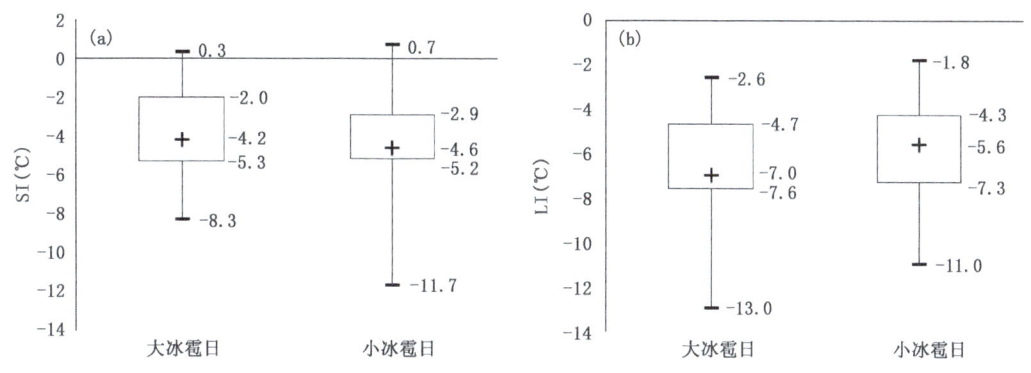

图 4.2 大、小冰雹日 SI(a)、LI(b)箱线图

K 指数的定义为

$$K = (T_{850} - T_{500}) + T_{d850} - (T - T_d)_{700}$$

式中,T 和 T_d 分别表示温度与露点温度,K 指数是一个综合了不稳定和湿度条件的物理量。由大、小冰雹日 K 指数箱线图(图 4.3)可见,冰雹出现在 K 指数为 20.4~45.4 ℃的不稳定环

境中,50%大冰雹日的 K 指数集中在 32.7～40 ℃,小冰雹日集中在 29.8～35.1 ℃,大冰雹日的 K 指数中位数是 36.2 ℃,小冰雹日的 K 指数中位数是 33.1 ℃,大冰雹日的 K 指数较小冰雹日大,表明大冰雹日比小冰雹日具有更大的中低层湿度和更不稳定的层结。由图 4.1 可知大冰雹日 850 hPa 与 500 hPa 的温差并不比小冰雹日大,因此 K 指数的差异主要是由于 850 hPa 和 700 hPa 湿度的差异造成的,表明大冰雹日比小冰雹日具有更大的中低层湿度。

总指数(TT)定义为

$$TT = T_{850} + T_{d850} - 2T_{500}$$

式中,T_{850} 和 T_{500} 分别表示 850 hPa 和 500 hPa 的温度,T_{d850} 表示 850 hPa 的露点温度。通常情况下 TT 越大,越容易发生对流天气。由山西大、小冰雹日的总指数分布区间的对比(图 4.3)可见,冰雹天气总指数的阈值是 45.3～69.6 ℃,50%大冰雹日的 TT 集中在 52.2～57 ℃,小冰雹日集中在 50.7～58 ℃,大冰雹日的 TT 中位数是 55.6 ℃,小冰雹的 TT 中位数是 55 ℃,大、小冰雹的上限阈值分别是 69.6 ℃和 67 ℃,下限阈值分别是 47.1 ℃和 45.3 ℃。大冰雹日的总指数比小冰雹日略大。

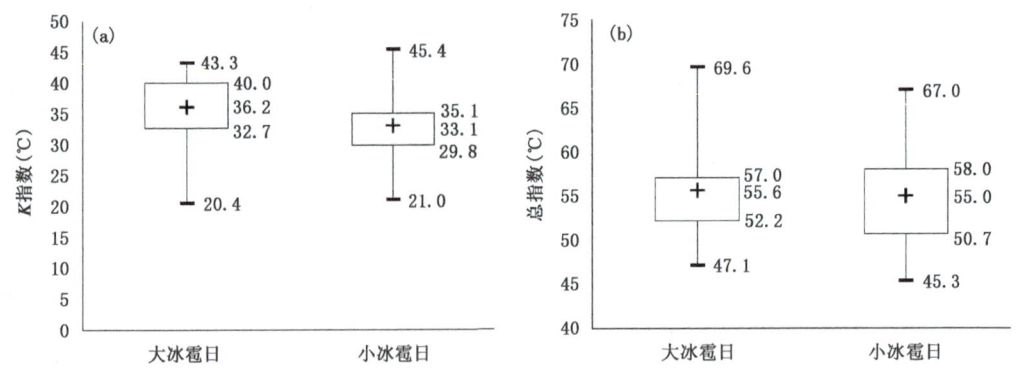

图 4.3 大、小冰雹日 K 指数(a)和总指数(b)箱线图

4.3.2 能量条件

表示能量条件的环境参量有对流有效位能(CAPE)、下沉对流有效位能(DCAPE)、对流抑制能量(CIN)。对流参数中物理意义最清晰的是 CAPE 和 CIN(Moncrieff,et al,1976;Colby,1984;俞小鼎 等,2012),CAPE 越大,CIN 越小,则雷暴或深厚湿对流就越容易发生。

对流有效位能(CAPE)是风暴潜在强度的重要指标,是强对流天气预报中最好用的物理量之一。CAPE 是气块绝热上升时的正浮力所产生能量的垂直积分,在探空曲线图上为自由对流高度到平衡高度之间层结曲线和状态曲线围成的面积,它表示单位质量空气从自由对流高度上升到平衡高度对环境做的功。CAPE 是描述热浮力的物理量,热浮力越强,对上升运动的贡献就越大,雹块增长到较大尺寸的可能性也越大,因此产生大冰雹需要大的 CAPE 值。大多数情况下冰雹天气 CAPE 值都在 1000 J/kg 以上,最大值超过 4000 J/kg,属于中等或强的级别(Markowski et al.,2010;俞小鼎 等,2012),有利于深厚湿对流的发生。由大、小冰雹日 CAPE 分布区间的对比(图 4.4)可见,冰雹天气 CAPE 的阈值是 418～4700 J/kg,50%大冰雹日的 CAPE 集中在 1327～2840 J/kg,小冰雹日集中在 1233～2025 J/kg,大冰雹日的 CAPE

第 4 章 山西冰雹天气的环境参量统计特征

中位数是 2099 J/kg,小冰雹日的 CAPE 中位数是 1588 J/kg,大、小冰雹日的上限阈值分别是 4700 J/kg 和 3051 J/kg,下限阈值分别是 728 J/kg 和 418 J/kg。大、小冰雹日 CAPE 的差异较大,大冰雹日的 CAPE 分布较分散,小冰雹日的 CAPE 分布较集中,大冰雹日的 CAPE 值比小冰雹日的明显要大。

下沉对流有效位能(DCAPE)是一个表示下沉气流潜势的指标,由大、小冰雹 DCAPE 分布区间的对比图可见(图 4.4),冰雹天气 DCAPE 的阈值是 140～1123 J/kg,50％大冰雹日的 DCAPE 集中在 350～633 J/kg,小冰雹日集中在 347～781 J/kg,大冰雹日的 DCAPE 中位数是 567 J/kg,小冰雹日的 DCAPE 中位数是 540 J/kg,大、小冰雹日的上限阈值分别是 982 J/kg 和 1123 J/kg,下限阈值分别是 280 J/kg 和 140 J/kg。大冰雹日 DCAPE 值的阈值范围比小冰雹日小。

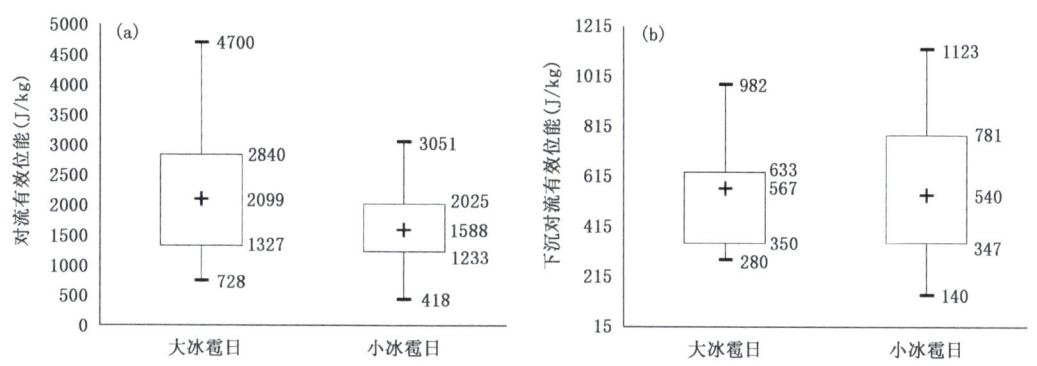

图 4.4 大、小冰雹日对流有效位能(a)和下沉对流有效位能(b)箱线图

图 4.5 给出了大、小冰雹日的对流抑制能量(CIN)分布区间的对比。由图可见,冰雹天气 CIN 的阈值是 0～785 J/kg,75％大冰雹日的 CIN 集中在 0～395 J/kg,小冰雹日集中在 0～440 J/kg,大冰雹日的 CIN 中位数是 190 J/kg,小冰雹日的 CIN 中位数是 226 J/kg,大、小冰雹日 CIN 的上限阈值分别是 614 J/kg 和 785 J/kg,下限阈值都是 0 J/kg。大冰雹日的 CIN 比小冰雹日小,对流更易触发。

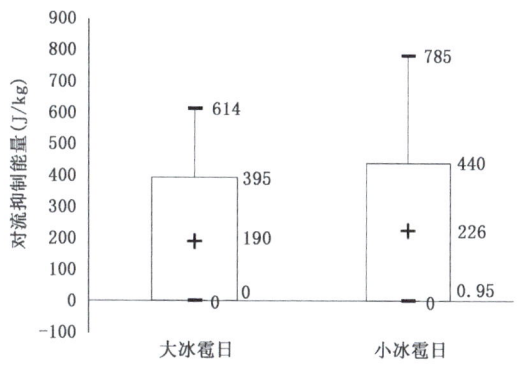

图 4.5 大、小冰雹日 CIN 箱线图

4.3.3 动力条件

表示动力条件的参数有 0～6 km 垂直风切变(W_{sr0-6})、0～2 km 垂直风切变(W_{sr0-2})和最大上升速度 W_{max}。

对于冰雹等强对流性天气,环境风垂直切变是一个非常重要的影响因素,对风暴发展和组织形式起重要的作用。已有研究表明,我国东部地区飑线 0～6 km 环境垂直切变平均为 10～20 m/s(Meng et al.,2013),当 0～6 km 垂直风切变超过 20～25 m/s 时,有可能发展成为生命期较长的超级单体风暴(Weisman et al.,1984)。

图 4.6 给出了大、小冰雹日 0～6 km 垂直风切变(W_{sr0-6})和 0～2 km 垂直风切变(W_{sr0-2})分布的对比。由图可见,冰雹天气发生前 08 时的 0～6 km 垂直风切变为 3.6～24.7 m/s,50%大冰雹日的 W_{sr0-6} 集中在 8～17.9 m/s,小冰雹日集中在 4.9～15.2 m/s,大冰雹日的 W_{sr0-6} 中位数是 16 m/s,小冰雹日 W_{sr0-6} 中位数是 12 m/s,二者上限阈值分别是 20 m/s 和 24.7 m/s,下限阈值分别是 5.2 m/s 和 3.6 m/s。大冰雹日的 0～6 km 环境垂直风切变比小冰雹日明显大。

冰雹天气发生前 08 时的 0～2 km 垂直风切变介于 0～8 m/s,50%大冰雹日的 0～2 km 垂直风切变集中在 1.1～3.3 m/s,小冰雹日集中在 1.3～3.2 m/s,大冰雹日的 W_{sr0-2} 中位数是 2.3 m/s,小冰雹日的 W_{sr0-2} 中位数是 2 m/s,大、小冰雹日的上限阈值都是 8 m/s,下限阈值分别是 0.6 m/s 和 0 m/s。大、小冰雹日的 0～2 km 环境垂直风切变差异不大,W_{sr0-2} 对冰雹尺度的指示性不强。

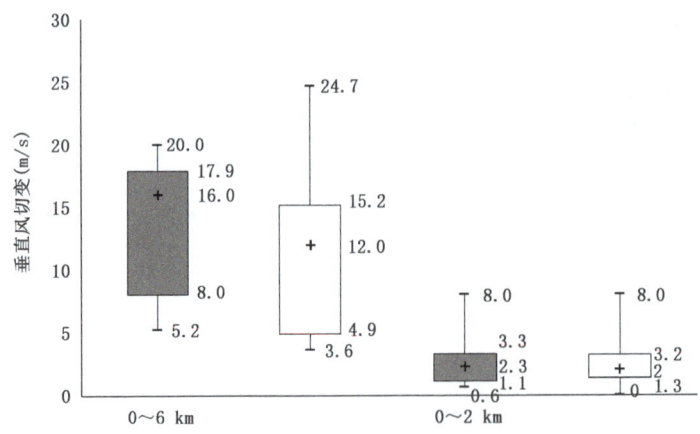

图 4.6 大、小冰雹日垂直风切变箱线图(阴影表示大冰雹日,无阴影表示小冰雹日)

Johns 等(1992)和 Doswell 等(1996)认为,出现冰雹的一个必要条件是要有强的、能长时间支撑雹块的上升气流,上升速度必须大于 20 m/s,冰雹才能形成,直径 10 cm 以上的冰雹,则需要 50 m/s 的上升速度。图 4.7 给出了山西大、小冰雹日 08 时的最大上升速度(W_{max})分布区间的对比,由图可见,冰雹天气发生前 08 时最大上升速度为 0～71.4 m/s,50%大冰雹日的 W_{max} 集中在 4.9～32.5 m/s,小冰雹日集中在 7.1～29.4 m/s,大冰雹日的 W_{max} 中位数是 26.8 m/s,小冰雹日的 W_{max} 中位数是 16.7 m/s,大、小冰雹日的上限阈值分别是 52.9 m/s 和 71.4 m/s,下限阈值都是 0。总体上大冰雹日的最大上升速度比小冰雹日大。

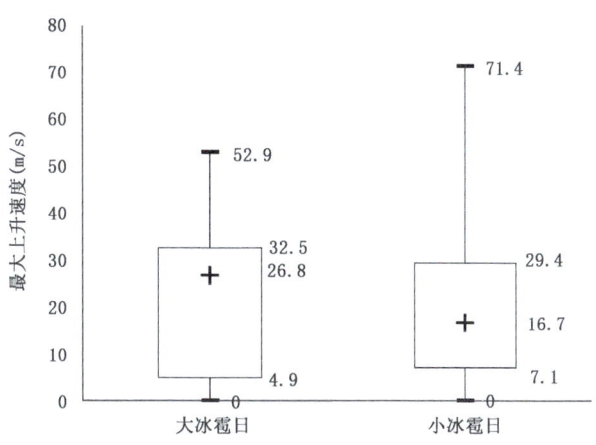

图 4.7 大、小冰雹日最大上升速度箱线图

4.3.4 特征高度层

表示特征高度层的环境参量有 0 ℃层高度、−20 ℃层高度、抬升凝结高度、对流凝结高度、自由对流高度和平衡高度。

0 ℃层和−20 ℃层分别是云中冷暖云分界线高度和大水滴自然冰化区下界,是判断冰雹天气的重要环境参数。为了保证雹胚的形成和增长,冰雹需要同时具备合适的 0 ℃层和−20 ℃层高度。0 ℃层高度太低可能指示地面温度太低、湿度太小而不利于出现对流天气,云中的冰粒子也无法生长到足够大就以霰的形式降落到地面;0 ℃层高度过高,冰粒子在下落到达地面之前就可能融化为液态水滴。

图 4.8 是山西大、小冰雹日的 0 ℃层和−20 ℃高度统计箱线图。由图可见,冰雹天气发生前 0 ℃层高度的阈值是 2713～5240 m,50% 大冰雹日的 0 ℃层高度集中在 4049～4517 m,小冰雹日集中在 3961～4510 m,大、小冰雹日的 0 ℃层高度中值分别为 4352 m 和 4306 m。大冰雹日的 0 ℃层高度较小冰雹日高。

山西冰雹天气发生前−20 ℃层高度的阈值是 5347～8569 m,50% 大冰雹日的−20 ℃层高度集中在 6970～7490 m,小冰雹日集中在 6750～7566 m,大、小冰雹日的−20 ℃层高度中值分别为 7100 m 和 7200 m,大冰雹日的−20 ℃层高度较小冰雹日低,大冰雹日具有较高的 0 ℃层和较低的−20 ℃层,0 ℃层和−20 ℃层高度的分布更为集中。章国材(2011)认为,如果−20 ℃等温线对应的高度上有超过 45 dBZ 的反射率因子核,则有可能产生大冰雹。大冰雹的−20 ℃层较低,45 dBZ 以上的强回波更容易伸展到−20 ℃等温线以上。

樊李苗等(2013)得到我国直径超过 2 cm 的大冰雹天气的 0 ℃层和−20 ℃层高度的平均值分别为 4300 m 和 7000 m。曹艳察等(2018)得出我国海拔 1～3 km 地区冰雹天气的 0 ℃层和−20 ℃高度中位值分别为 4184 m 和 7084 m。吉林省冰雹日 0 ℃层高度为 4600～4800 m,大连冰雹日 0 ℃层高度为 2800～4000 m,黑龙江冰雹日 0 ℃层和−20 ℃层高度的平均值分别为 2815 m 和 5909 m。郑艳等(2015)得出海南冰雹日 0 ℃层高度集中在 4.3～5.1 km,−20 ℃

层高度为 7.6～8.4 km。山西省大部分地区海拔高度大于 1 km,山西冰雹天气的 0 ℃层和－20 ℃层高度与已有研究中北方海拔较高地区的结果基本一致,高于更高纬度更冷气候的我国东北地区,低于类似海南的南方低海拔地区。

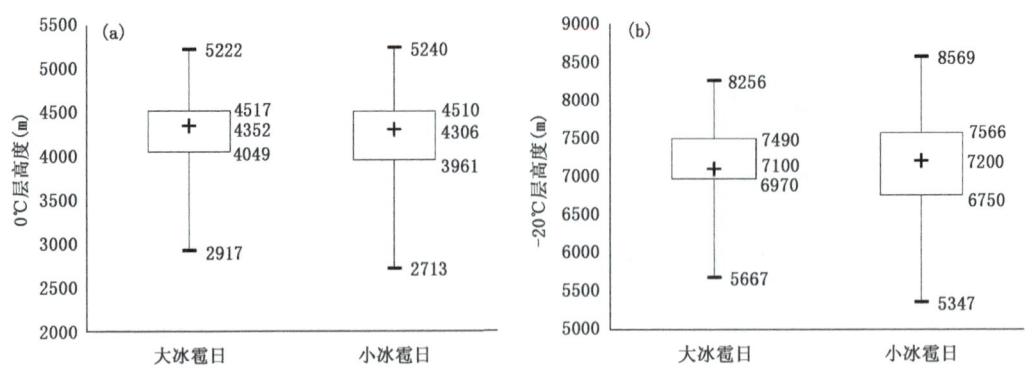

图 4.8　大、小冰雹日 0 ℃层(a)和－20 ℃层(b)高度箱线图

图 4.9 是大、小冰雹日的 0 ℃层和－20 ℃层高度差。由图可见,冰雹天气发生前 0 ℃层和－20 ℃层高度差的阈值是 2458～3506 m。50%大冰雹日的 0 ℃层和－20 ℃层高度差集中在 2771～3035 m,小冰雹日集中在 2692～3062 m,大、小冰雹日的 0 ℃层和－20 ℃层高度差中值分别为 2907 m 和 2892 m。二者 0 ℃层和－20 ℃层高度差的差别不明显。

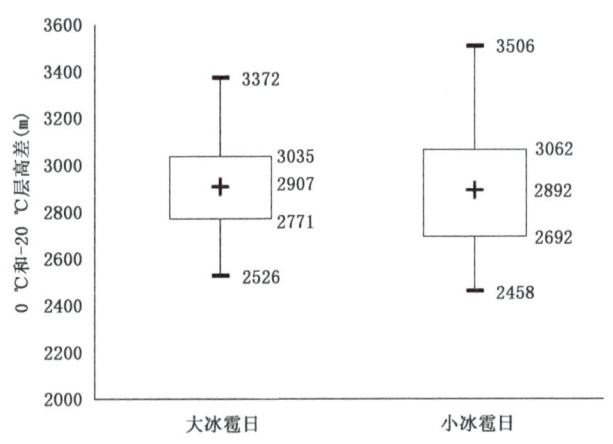

图 4.9　大、小冰雹日 0 ℃层和－20 ℃层高度差箱线图

对流凝结高度(CCL)常被用于估计局地对流云的云底高度。图 4.10 是大、小冰雹日的抬升凝结高度(LCL)、对流凝结高度(CCL)、自由对流高度(LFC)、平衡高度(EL)等各特征高度以及平衡高度与抬升凝结高度之差的对比。由图可见,大冰雹日的自由对流高度(LFC)和平衡高度(EL)比小冰雹低,平衡高度与抬升凝结高度之差也比小冰雹低,也即大冰雹日平衡高度与抬升凝结高度之间的厚度较小,二者的抬升凝结高度和对流凝结高度差别不明显。

第 4 章 山西冰雹天气的环境参量统计特征

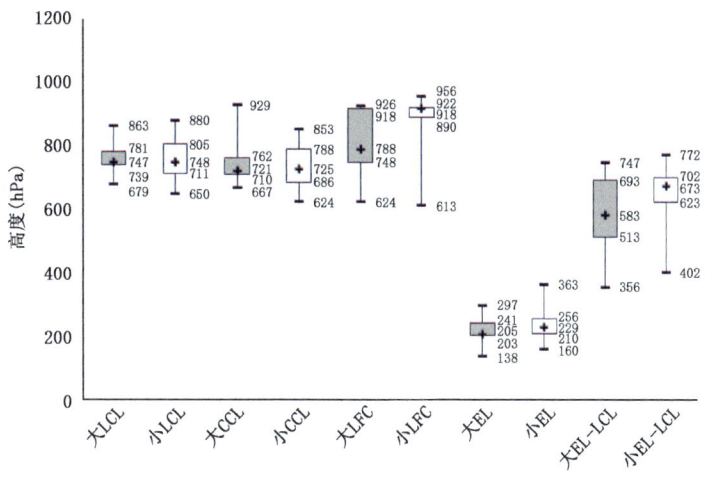

图 4.10 大、小冰雹日的特征高度箱线图对比

（横坐标中"大"表示大冰雹，"小"表示小冰雹，LCL 表示抬升凝结高度、CCL 表示对流凝结高度、
LFC 表示自由对流高度、EL 表示平衡高度）

4.3.5 对流温度和地面温度

对流温度（T_g）是一个表征大气温、湿特征的参数，是指地面加热到刚能开始发展热对流时的一个临界温度，其隐含着考虑了辐射日变化对对流造成的影响，在探空分析中十分有代表性。据已有研究统计，50%冰雹样本平均对流温度为 15～25 ℃（李耀东 等，2014）。

图 4.11 给出了山西大、小冰雹日的对流温度和地面温度的统计结果。由图可见，山西冰雹天气对流温度的阈值是 17.5～39.2 ℃。50%大冰雹日的对流温度集中在 27.5～33.6 ℃，小冰雹日集中在 26～33.9 ℃，大冰雹日的对流温度中位数是 31.7 ℃，小冰雹日的中位数是 30.2 ℃，二者的上限阈值分别是 35.3 ℃和 39.2 ℃，下限阈值分别是 21.2 ℃和 17.5 ℃。总体而言，大冰雹日的对流温度比小冰雹日略偏高，分布更为集中。

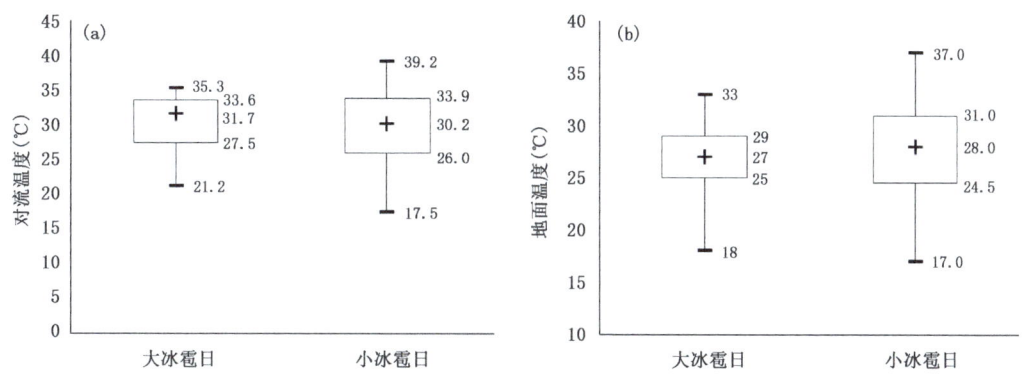

图 4.11 大、小冰雹日的对流温度（a）和地面温度（b）箱线图对比

冰雹天气发生前地面温度的阈值是 17～37 ℃，50%大冰雹日的地面温度集中在 25～29 ℃，小冰雹日集中在 24.5～31 ℃，大冰雹日的地面温度中位数是 27 ℃，小冰雹日的地面温度中位

· 77 ·

数是 28 ℃,二者的上限阈值分别是 33 ℃和 37 ℃,下限阈值分别是 18 ℃和 17 ℃。二者地面温度的差异不显著。

4.3.6 水汽条件

水汽是形成冰雹天气的重要条件。表征水汽条件的环境参量有地面露点、地面温度露点差、整层可降水量,500 hPa、700 hPa 和 850 hPa 各层的比湿,以及 400 hPa、500 hPa、700 hPa 和 850 hPa 各层的温度露点差,700 hPa 到 400 hPa 的平均温度露点差、700 hPa 到 400 hPa 的最大温度露点差等。

地面明显升温增湿是冰雹天气出现前明显的特征之一。图 4.12 给出了大、小冰雹日地面露点和温度露点差的统计结果,由图可见,冰雹天气发生前地面露点的阈值是 7～25 ℃,50% 大冰雹日的地面露点集中在 14～18 ℃,50% 小冰雹日集中在 12～16 ℃,大冰雹日的地面露点中位数是 16 ℃,小冰雹日的地面露点中位数是 14 ℃,二者的上限阈值分别是 25 ℃和 22 ℃,下限阈值分别是 9 ℃和 7 ℃。大冰雹日的地面露点比小冰雹日整体更高,说明大冰雹发生前地面湿度更大。

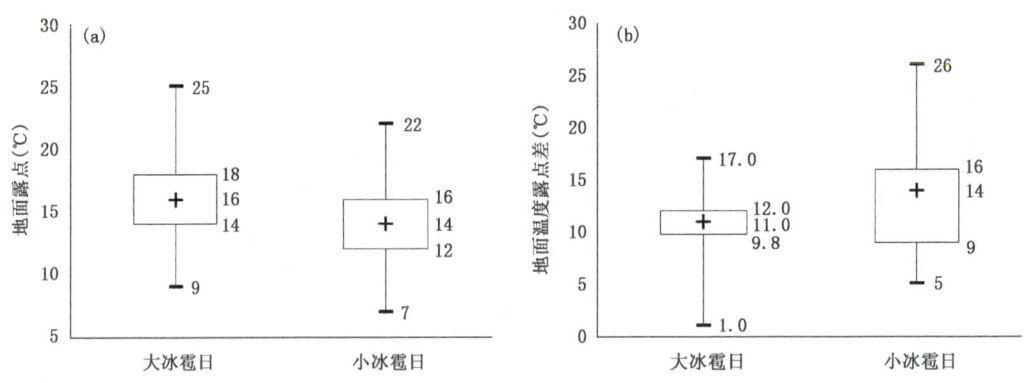

图 4.12 大、小冰雹日的地面露点(a)和温度露点差(b)箱线图对比

冰雹天气发生前地面温度露点差的阈值是 1～26 ℃,50% 大冰雹日的地面温度露点差集中在 9.8～12 ℃,小冰雹日集中在 9～16 ℃,大冰雹日的地面温度露点差中位数是 11 ℃,小冰雹日的地面温度露点差中位数是 14 ℃,二者的上限阈值分别是 17 ℃和 26 ℃,下限阈值分别是 1 ℃和 5 ℃。大冰雹日的地面温度露点差比小冰雹日整体更小。

从地面露点和温度露点差的统计结果来看,山西冰雹发生前地面相对干,小冰雹发生前地面更干,大冰雹发生前地面湿度比小冰雹大。

图 4.13 给出了大、小冰雹日 500 hPa、700 hPa、850 hPa 各层比湿的统计结果。总体而言,山西冰雹发生前的环境水汽含量不高,且随着高度的上升比湿快速下降。冰雹天气发生前 500 hPa 比湿的阈值是 0.02～4.2 g/kg,700 hPa 比湿的阈值是 1～10.8 g/kg,850 hPa 比湿的阈值是 4.9～17.1 g/kg。由此可见,冰雹天气具有"上干下湿"的水汽分布特点。

50% 大冰雹日 500 hPa 的比湿集中在 0.5～1.6 g/kg,小冰雹日集中在 0.3～2.2 g/kg,大冰雹日 500 hPa 的比湿中位数是 1 g/kg,小冰雹日 500 hPa 的比湿中位数是 0.9 g/kg,二者的上限阈值分别是 3.2 g/kg 和 4.2 g/kg,下限阈值分别是 0.1 g/kg 和 0.02 g/kg。二者

500 hPa 的比湿差异不明显，都比较干。

50%大冰雹日 700 hPa 的比湿集中在 4.5~6 g/kg，小冰雹日集中在 3.4~6.2 g/kg，二者 700 hPa 的比湿中位数分别是 5.5 g/kg 和 4.6 g/kg，上限阈值分别是 10.8 g/kg 和 10.6 g/kg，下限阈值分别是 1.9 g/kg 和 1 g/kg。大冰雹日 700 hPa 的比湿比小冰雹日更大。

50%大冰雹日 850 hPa 的比湿集中在 9~11.1 g/kg，小冰雹日集中在 7.6~11 g/kg，二者 850 hPa 的比湿中位数分别是 9.7 g/kg 和 9 g/kg，上限阈值分别是 13.4 g/kg 和 17.1 g/kg，下限阈值分别是 6.4 g/kg 和 4.9 g/kg。总体上大冰雹日 850 hPa 的比湿比小冰雹日大。

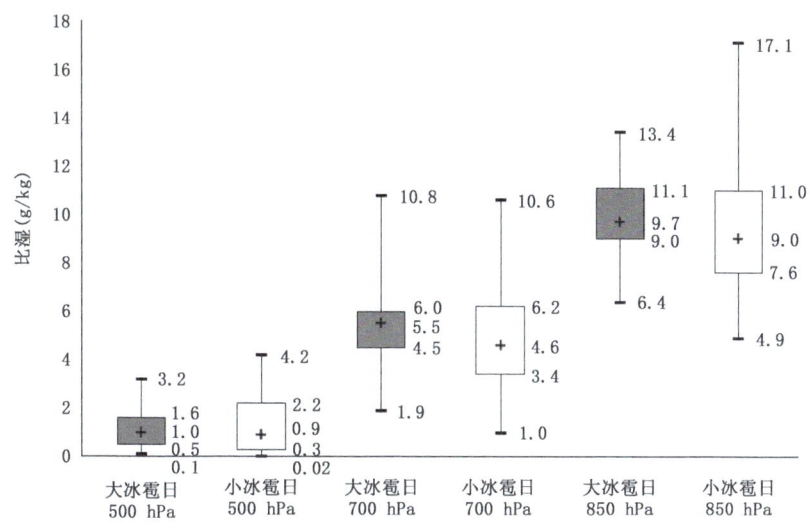

图 4.13　大、小冰雹日的各层比湿对比

大气中水汽主要集中于低层，大气低层是雷暴生成的主要水汽来源。大冰雹日低层比湿比小冰雹日整体更大，说明大、小冰雹日大气低层的湿度差异较为显著，大冰雹发生前低层湿度更大。

用 700 hPa、600 hPa、500 hPa 和 400 hPa 四层的平均温度露点差和其间单层最大的温度露点差表征对流层中层干空气的强度，这两个量数值大则利于下沉气流的发展。

图 4.14 给出了大、小冰雹日 400 hPa、500 hPa、700 hPa、850 hPa 各层温度露点差 $T-T_d$，以及 400~700 hPa 的平均 $T-T_d$ 和其间单层最大 $T-T_d$ 的统计结果。由图可见，冰雹天气发生前 $T-T_d$ 的阈值 400 hPa 是 2~39 ℃，500 hPa 是 1~37 ℃，700 hPa 是 0.9~24 ℃，850 hPa 是 0.9~22 ℃，400~700 hPa 平均 $T-T_d$ 是 1.9~27.7 ℃，400~700 hPa 单层最大 $T-T_d$ 是 2.9~39 ℃。可见，冰雹在干、湿环境中都有可能发生。

从各层 $T-T_d$ 的分布来看，大冰雹日的高层大气更干，低层大、小冰雹日的 $T-T_d$ 差异则不明显。

整层可降水量是从地面到 200 hPa 的水汽积分，代表大气中的水汽总含量。图 4.15 是大、小冰雹日的整层可降水量统计分布，总体而言山西冰雹发生前大气整层可降水量不高，大冰雹日比小冰雹日整层可降水量大。大气整层可降水量在 9.5~50.4 mm 的范围内都可能会有冰雹出现，整层可降水量小于 9.5 mm 时，可以不考虑冰雹出现的可能性。当整层可降水量超过 50.4 mm 时，也可以不考虑冰雹出现的可能性，非常湿润的环境并不利于冰雹的出现，这是因为大气非常湿润时气温往往也较高,大气垂直温度递减率较小,0 ℃层高度通常较高,使得冰相粒子在下落过程中较易融化为液态水。

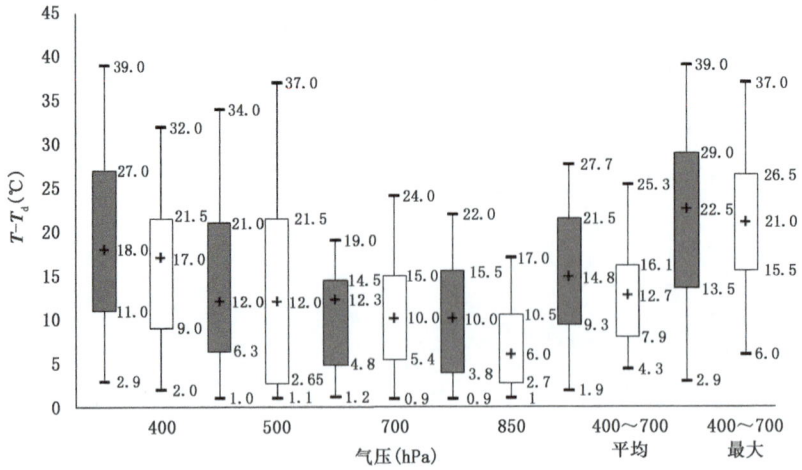

图 4.14　大、小冰雹日的各层温度露点差对比

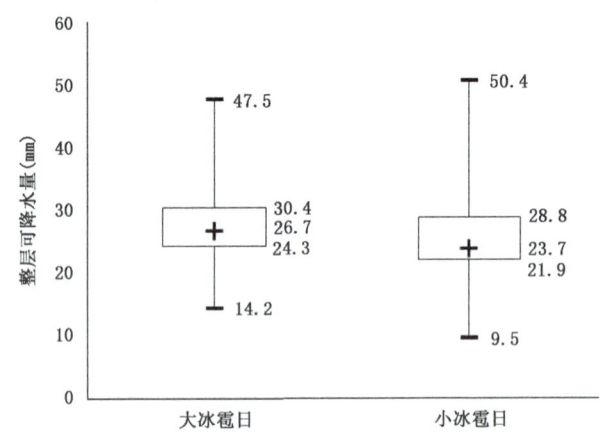

图 4.15　大、小冰雹日的整层可降水量对比

50%大冰雹日整层可降水量集中在 24.3～30.4 mm,50%小冰雹日整层可降水量集中在 21.9～28.8 mm,二者大气可降水量中位数分别为 26.7 mm 和 23.7 mm,说明大冰雹发生前的大气整层可降水量较小冰雹总体偏大。大冰雹的整层可降水量下限阈值是 14.2 mm,整层可降水量小于 14.2 mm 时,可以不考虑大冰雹出现的可能性。小冰雹所需的环境整层可降水量下限阈值显著降低,其中 1 个小冰雹个例的大气可降水量仅为 9.5 mm,说明水汽含量低时也有出现冰雹天气的可能。

4.3.7　各环境参量的阈值范围

以上各环境参量的统计阈值范围汇总在表 4.1 中。该统计结果为大、小冰雹天气的预报提供了客观化的环境参量分布特征参考,并给出了具体的阈值分布信息,是提升冰雹预报准确率的重要基础。

第4章 山西冰雹天气的环境参量统计特征

表 4.1 大、小冰雹各物理量阈值范围

类别	物理量	大冰雹阈值范围	大冰雹中位数	小冰雹阈值范围	小冰雹中位数
不稳定类	K 指数（℃）	32.7～40	36.2	29.8～35.1	33.1
	SI 指数（℃）	-5.3～-2	-4.2	-5.2～-2.9	-4.6
	LI 指数（℃）	-7.6～-4.7	-7	-7.3～-4.3	-5.6
	$\theta_{se850-500}$（℃）	14.2～25.7	20.5	13.9～23	17.3
	$T_{850-500}$（℃）	26～28.6	27	26～31	28.5
	总指数（℃）	52.2～57	55.6	50.7～58	55
能量类	对流有效位能（J/kg）	1327～2840	2099	1233～2025	1588
	下沉对流有效位能（J/kg）	350～633	567	347～781	540
	对流抑制能量（J/kg）	0～395	190	0～440	226
动力类	0～6 km 垂直风切变（m/s）	11.7～18	16	8.8～15.2	12
	0～2 km 垂直风切变（m/s）	1.1～3.3	2.3	1.3～3.2	2
	最大上升速度 W_{max}（m/s）	4.9～32.5	26.8	7.1～29.4	16.7
特殊高度类	0 ℃层高度（m）	4049～4517	4352	3961～4510	4306
	-20 ℃层高度（m）	6970～7490	7100	6750～7566	7200
	0～-20 ℃层高度差（m）	2771～3035	2907	2692～3062	2892
	抬升凝结高度（hPa）	739～781	747	711～805	748
	对流凝结高度（hPa）	710～762	721	686～788	725
	自由对流高度（hPa）	748～788	725	890～922	918
	平衡高度（hPa）	203～241	205	210～256	229
	EL-LCL（hPa）	513～693	583	623～702	673
温度类	对流温度（℃）	27.5～33.6	31.7	26～33.9	30.2
	地面温度（℃）	25～29	27	24.5～31	28
水汽类	地面露点（℃）	14～18	16	12～16	14
	地面温度露点差（℃）	9.8～12	11	9～16	14
	850 hPa 温度露点差（℃）	3.8～15.5	10	2.7～10.5	6
	700 hPa 温度露点差（℃）	4.8～14.5	12.3	5.4～15	10
	500 hPa 温度露点差（℃）	6.3～21	12	2.65～21.5	12
	400 hPa 温度露点差（℃）	11～27	18	9～21.5	17
	400～700 hPa 之间的平均温度露点差（℃）	9.3～21.5	14.8	7.9～16.1	12.7
	400～700 hPa 之间的最大温度露点差（℃）	13.5～29	22.5	15.5～26.5	21
	500 hPa 比湿（g/kg）	0.5～1.6	1	0.3～2.2	0.9
	700 hPa 比湿（g/kg）	4.5～6	5.5	3.4～6.2	4.6
	850 hPa 比湿（g/kg）	9～11.1	9.7	7.6～11	9
	整层可降水量（mm）	24.3～30.4	26.7	21.9～28.8	23.7

从表 4.1 可以看出，对冰雹预报指示意义比较明确的环境参量有 K 指数、LI 指数、850 与 500 hPa 的 θ_{se} 差值、CAPE、最大上升速度、自由对流高度、平衡高度、地面露点、地面温度露点差、400～700 hPa 平均温度露点差、700 hPa 和 850 hPa 的比湿、整层可降水量。大、小冰雹日的这些环境参量分布差异比较显著。

大冰雹日和小冰雹日在地面和对流层中低层的水汽差异明显，大冰雹 700 hPa 和 850 hPa 的比湿、地面露点以及整层可降水量更大，地面温度露点差更小，二者整层可降水量中位数分别为 26.7 mm 和 23.7 mm，700 hPa 比湿中位数分别 5.5 g/kg 和 4.6 g/kg，850 hPa 比湿中位数分别 9.7 g/kg 和 9 g/kg，地面温度露点差中位数分别是 11 ℃ 和 14 ℃。400～700 hPa 之间平均温度露点差则较小冰雹日更大，说明大冰雹日中低层的湿度更大，而高层则比小冰雹日更干。

大冰雹发生前环境层结更加不稳定，具有更大的 CAPE 和 K 指数，具有更小的 LI 指数。大冰雹和小冰雹 CAPE 中位数分别是 2099 J/kg 和 1588 J/kg，K 指数的中位数分别是 36.2 ℃ 和 33.1 ℃，LI 指数中位数分别是 −7 ℃ 和 −5.6 ℃。大冰雹日的最大上升速度中位数为 26.8 m/s，远大于小冰雹日的中位数 16.7 m/s。

大、小冰雹日的温度垂直直减率差异不明显，大冰雹日比小冰雹日还更小些。基于水汽差的层结不稳定可用 850 hPa 和 500 hPa 的 θ_{se} 差值表征，二者 θ_{se} 差值的中位数分别是 20.5 ℃ 和 17.3 ℃，差异显著，大冰雹日明显偏大，说明大冰雹和小冰雹的主要差异在于水汽而不在于温度垂直直减率。

大冰雹多产生在中等偏强的垂直风切变下，而小冰雹多出现在弱的垂直风切变下，二者 0～6 km 垂直风切变中位数分别为 16 m/s 和 12 m/s。

大冰雹日具有更低的自由对流高度和平衡高度，二者的 0 ℃ 层和 −20 ℃ 层高度的差异都不明显。

第5章 山西冰雹天气的雷达回波特征

强对流天气临近预报主要包括对环境条件的评估和基于多普勒天气雷达回波的判别与外推。多普勒天气雷达是冰雹探测、预报、预警的重要工具,雷达能够反映强对流天气的回波结构特征和速度特征,在强天气分析研究中有重要作用,目前我国强对流临近预警技术主要依赖以雷达回波为主的外推预报技术。山西省已逐步建成了包括太原、大同、吕梁、临汾、长治、五寨6部多普勒天气雷达的探测网,可对冰雹等灾害性强对流天气进行有效的监测。由于冰雹的形成机理非常复杂,不仅不同天气形势背景下有不同的雷达回波形态,就是在相似天气形势背景下,由于大气层结结构和物理量特征以及中尺度触发系统不同,雷达回波特征也不尽相同。研究冰雹天气的雷达回波特征,探索雷达识别技术,是提高冰雹短时临近预报的有效手段。

以下选取了近年来影响较大的11个典型冰雹个例(表5.1),利用山西太原、大同、吕梁、临汾、长治5部多普勒雷达探测资料,并结合卫星、地面自动站等高时空分辨率的观测资料,对不同环流背景下的典型冰雹个例的雷达回波特征开展细致的分析,对冰雹的雷达回波形态、回波强度、最大反射率因子值、强回波高度、回波顶高、冰雹云单体45 dBZ回波伸展高度超过$-20\ ℃$层的高度、垂直积分液态水含量及其密度,以及速度图上中气旋特征、低层气流辐合、风暴顶辐散等雷达参数特征进行研究,探索适用于山西识别冰雹的雷达产品指标,提炼山西冰雹天气的雷达识别技术。

表5.1 分析雷达特征的典型冰雹个例

个例日期	代表冰雹站点	发生时间	冰雹直径(mm)	天气类型	雷达站
20150506	长子	19:05	7	西北气流型	长治
20150721	长子	15:17—15:32	18	东北冷涡横槽型	长治
20160427	新绛	14:17	20	高空槽型	临汾、三门峡
20160604	陵川	18:10	40	蒙古冷涡型	临汾、长治
20160613	长治	15:10—17:00	60	东北冷涡横槽型	长治、郑州
20170714	河津	17:22	20	副热带高压边缘型	临汾
20170811	阳泉	15:57	40	蒙古冷涡型	太原
20180716	平陆	14:37	15	副热带高压边缘型	临汾
20190424	榆社	17:20	砸死牲畜的大冰雹	高空槽型	吕梁
20190607	忻州	13:20		蒙古冷涡型	大同
20190705	灵石	13:25		高空槽型	大同

5.1　2015年5月6日长子冰雹雷达回波特征

2015年5月6日,受500 hPa西北急流携带干冷空气东移南下影响,配合低层从我国西南地区向华北方向伸展的暖脊和地面倒槽,形成了不稳定环境,12时后对流系统先在晋东南开始迅速发展,15:00之后沁县、武乡出现了冰雹。同时在吕梁地区另一支对流系统发展,19:30在山西南部形成了一条长度约230 km,宽度15～20 km的准东西向飑线,飑线上镶嵌有6个强回波中心,中心强度均在50 dBZ以上,最大组合反射率因子强度达到65 dBZ。飑线经过之处,山西中南部大部分县(市)先后出现了雷雨大风,18:51—20:23,山西东南部的沁水、长子、闻喜、晋城等4站出现了直径为5～8 mm的冰雹,并伴有雷雨大风。

19:05长子出现了直径为7 mm的冰雹,冰雹发生前,18:47长治雷达0.5°仰角回波图上强回波呈弓状,最大反射率因子达60 dBZ(图5.1a),之上各仰角都对应有强回波,到9.9°仰角仍然有强度达57 dBZ的强回波(图5.1b)。沿着图5.1a中紫色线做最强回波处的垂直剖面判断风暴的垂直结构(图5.1c),由剖面可见强回波有明显悬垂特征,50 dBZ以上强回波从地面倾斜伸展至8 km高度,低层黄色回波是入流的弱回波区,回波顶高达到12 km,55 dBZ以

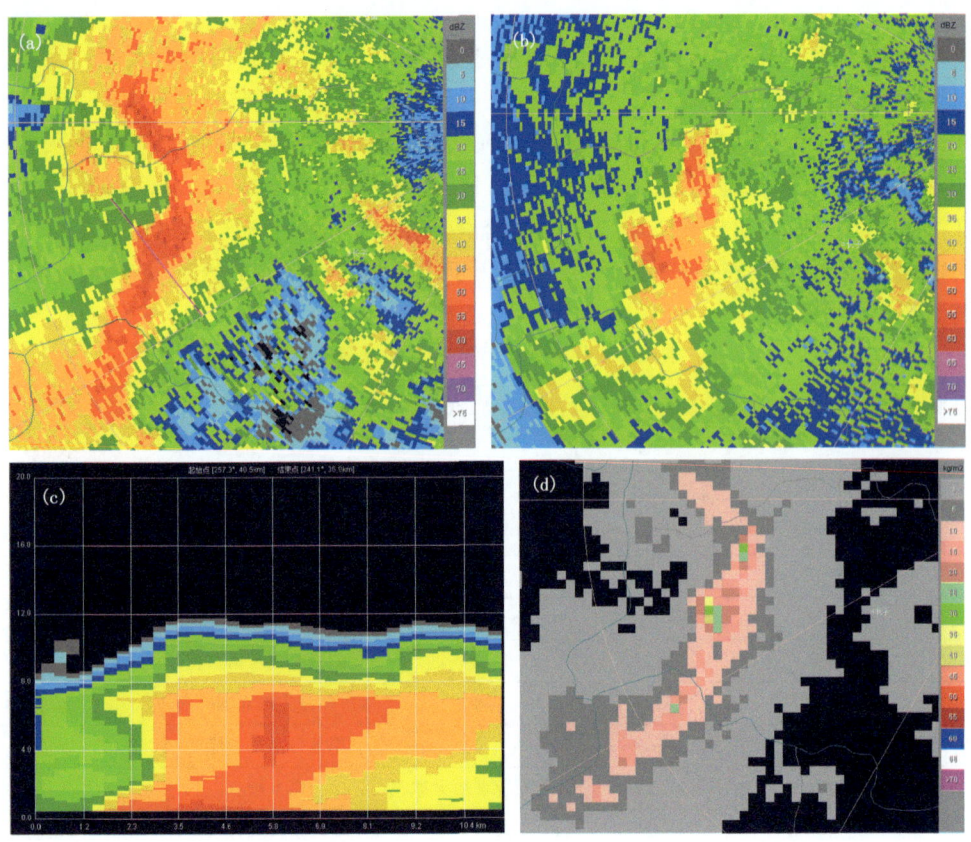

图5.1　2015年5月6日18:47长治雷达0.5°(a)、9.9°(b)仰角反射率因子和
最强回波处垂直剖面(c)、VIL分布(d)

上强回波集中在 4~8 km 高度,由于此次冰雹发生在春季,0 ℃和-20 ℃层高度都相对较低,0 ℃高度为 3404 m,-20 ℃高度为 6184 m,即 55 dBZ 以上强回波都在 0 ℃层以上,50 dBZ 以上回波伸展高度超过-20 ℃层高度约 2 km。

垂直积分液态水含量(VIL)是在假设所有反射率因子均由液态水滴引起的前提下,对其进行垂直积分,得到在某一确定底面积的垂直柱体内的液态水总量,反映了风暴单体的综合强度,对于大冰雹的潜势具有较好的指示作用。图 5.1d 是本次冰雹天气 18:47 VIL 分布,由图可见,VIL 值 10 kg/m² 以上的回波形成弓形带状,最大 VIL 值达 45 kg/m²,比前一个体扫的 39 kg/m² 增长了 6 kg/m²,冰雹发生前 VIL 跃增不是很明显,18:47 之后快速下降。

从 3.4°仰角速度图(图 5.2a)上可以明显地看出深绿色带状回波就是飑线的位置,飑线上是-8~-3 m/s 的负速度区,在飑线的后部有逆风区,大片-24 m/s 的负速度区中有 25 m/s 的正速度区,表明有中层径向辐合。速度垂直剖面图上(图 5.2b),12.8~15.0 km 之间的深绿色区域是飑线,飑线后部 6 km 高度之下有辐合,飑线前部低层有明显入流,高层 6 km 高度之上有辐合。

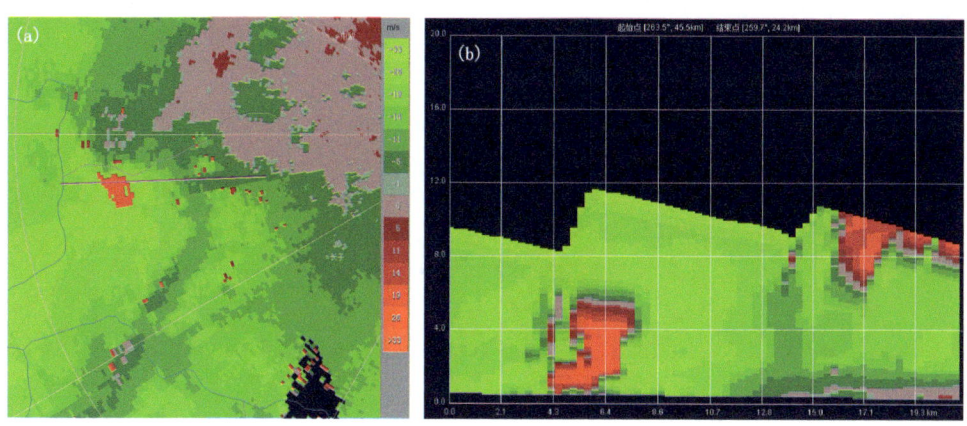

图 5.2　2015 年 5 月 6 日 18:47 长治雷达 3.4°仰角径向速度(a)和速度垂直剖面(b)

5.2　2015 年 7 月 21 日长子冰雹雷达回波特征

2015 年 7 月 21 日下午,天镇、平定、襄垣、长子、屯留、安泽、洪洞出现了直径 8~18 mm 的冰雹;阳城、长子出现瞬时 8~9 级大风。其中,长子 15:17—15:32 降冰雹,冰雹最大直径为 18 mm,并伴有短时强降水和雷暴大风,15:00—16:00 降水量为 34 mm,最大风速 19.8 m/s。

2015 年 7 月 21 日 08 时受 500 hPa 贝加尔湖阻塞高压前部、东北冷涡底部短波槽和 850 hPa 河套地区东北—西南向切变线的影响,山西 850 hPa 与 500 hPa 的温差 26~28 ℃,地面到 850 hPa 的温度露点差为 2~6 ℃,山西处于低层潮湿的对流不稳定区域内,近地层东南和偏南气流的输送,加剧了风切变和辐合,12:00—13:00 出现明显的地面辐合线,辐合线的形状及变化与强对流天气落区及演变有很好的对应关系,是冰雹强对流的触发系统。卫星云图上,11:30 在山西中部地区有对流云团生成,之后东移南压到地面辐合线附近迅速加强,14:30

移到长治地区,15:30—16:30发展最为强盛,长子的冰雹、短时强降水和雷暴大风就出现在这个阶段。

图5.3是长治雷达15:03的2.4°仰角反射率因子、回波顶高、VIL及径向速度图,图中箭头所指之处最大反射率因子超过55 dBZ,回波顶高超过10 km,VIL≥40 kg/m²,径向速度图上有明显的速度对,向着雷达的速度达到了27 m/s,离开雷达的速度超过了10 m/s,表示低层有风辐合。与此同时,3.4°仰角上反射率因子图上有三体散射特征,是冰雹的典型雷达回波特征之一。

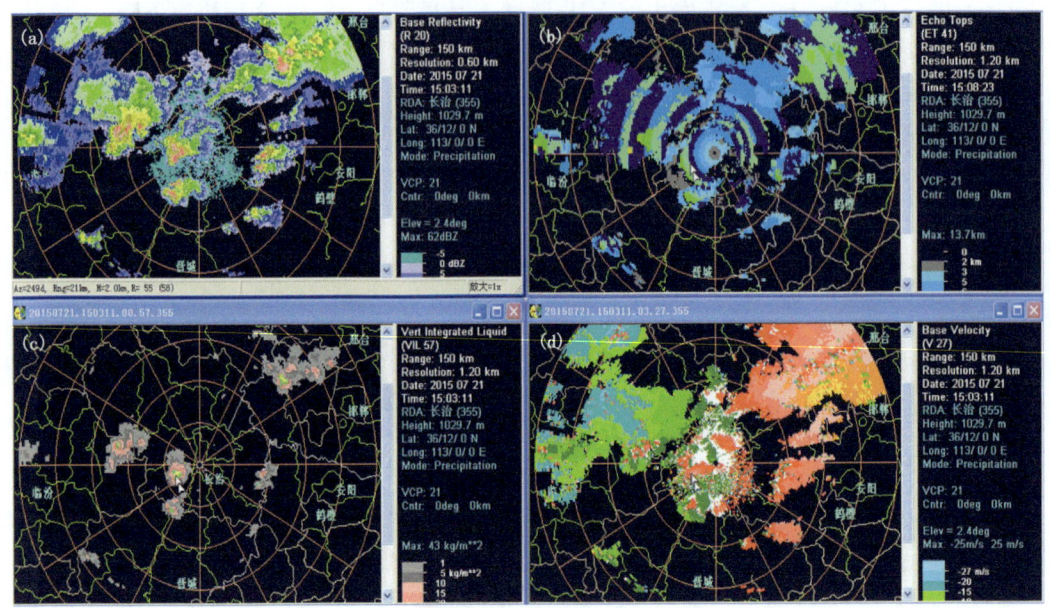

图5.3　2015年7月21日15:03长治雷达2.4°仰角反射率因子(a)、
回波顶高(b)、VIL分布(c)和径向速度(d)

5.3　2016年4月27日新绛冰雹雷达回波特征

2016年4月27日午后,临猗、永济、芮城、新绛、闻喜、绛县、垣曲、襄汾、曲沃、隰县、孝义和汾阳等地出现了冰雹天气,其中新绛14:17前后、曲沃14:30—14:59出现了直径达20 mm的大冰雹。此次冰雹是由多单体对流风暴造成的。

从临汾雷达反射率因子图上看,新绛冰雹是由孤立的对流单体造成的,对流单体尺度小,20 dBZ以上的回波尺度不足20 km,并且在短时间内迅速生成发展。13:17在新绛西北侧开始有20 dBZ以上的回波出现,13:49有2个对流单体发展,且回波增强到50 dBZ以上,14:09对流单体向东南方向移动,西侧的对流单体增强,2个对流单体的中心强度都超过了55 dBZ,14:15回波高度增高,且最大反射率因子强度达到了57 dBZ。14:15的2.4°仰角反射率因子图上可见三体散射特征(图5.4a)。沿14:15反射率因子大值区做垂直剖面(图5.4b),可以看到55 dBZ以上的强回波从2 km伸展至6 km高度,回波顶高7 km,低层有入流弱回波,表明有较强的上升气流。此次冰雹发生在春季,0 ℃层和−20 ℃层高度都较低,0 ℃层高度不足 3 km,−20 ℃层高度为 5.7 km。55 dBZ 回波高度伸展至 6 km,−20 ℃层高度之上仍有 55 dBZ 以上的强回波。14:15 的 2.4°仰角径向速度图上可见有正、负速度对,从径向速度垂直剖面图上也可以看出低层有气流辐合(图 5.5)。

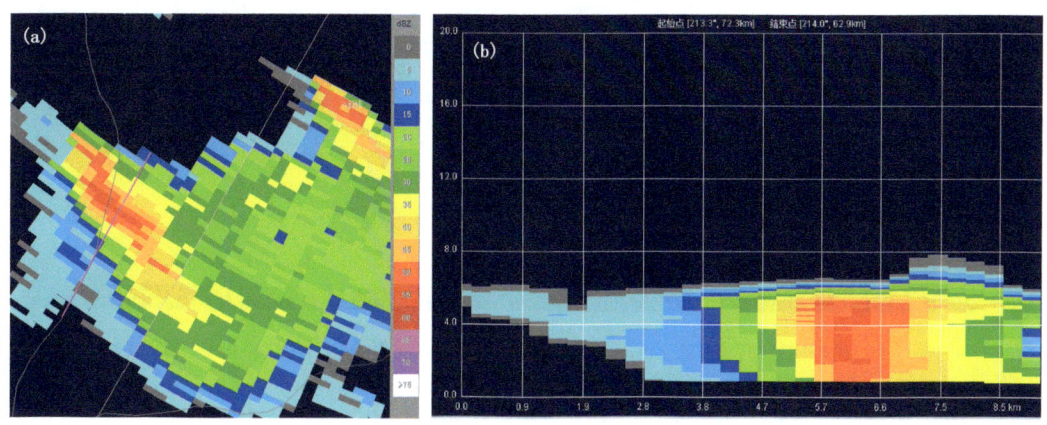

图 5.4　2016 年 4 月 27 日 14:15 临汾雷达 2.4°仰角反射率因子(a)和沿紫色线的垂直剖面(b)

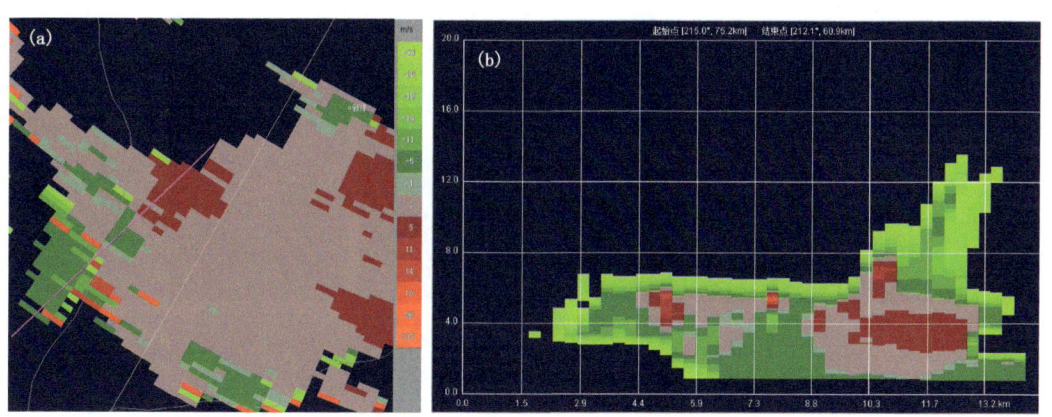

图 5.5　2016 年 4 月 27 日 14:15 临汾雷达 2.4°仰角径向速度(a)和沿紫色线的垂直剖面(b)

图 5.6 是 14:31 临汾雷达 2.4°仰角反射率因子和垂直剖面图,强回波呈倾斜的"L"型,最大反射率因子达 60 dBZ,最强回波处有勾状回波和三体散射特征,在高仰角 6.0°、9.9°甚至 14.6°仰角上仍然有 50 dBZ 以上的强回波。回波顶高 9.4 km,50 dBZ 以上强回波高度可达 6.5 km,超过−20 ℃层高度的 50 dBZ 以上强回波伸展厚度约为 0.8 km。4.0 km 高度之上的强回波下方有明显的有界弱回波区(BWER),表明有较强的上升气流,上升气流形成的托举作用能使冰相粒子停留在空中,长大成为冰雹。对应时刻的径向速度图上(图 5.7),1.5°、3.4°和 9.9°仰角有明显的正、负速度对,表现出明显的气旋性辐合,14.6°仰角上可以看出有风暴顶辐散,垂直剖面图上也可以看出低层辐合、高层辐散的特征。

从垂直积分液态水含量分布来看(图略),新绛冰雹开始出现的 14:10 的 VIL 为 12 kg/m²,14:15 增加到 25 kg/m²,比上一个时次跃增了 12 kg/m²,曲沃 14:21 为 21 kg/m²,14:26 增加到 29 kg/m²,增幅 8 kg/m²,跃增不明显。此次冰雹天气 VIL 的跃增出现在冰雹强对流发展

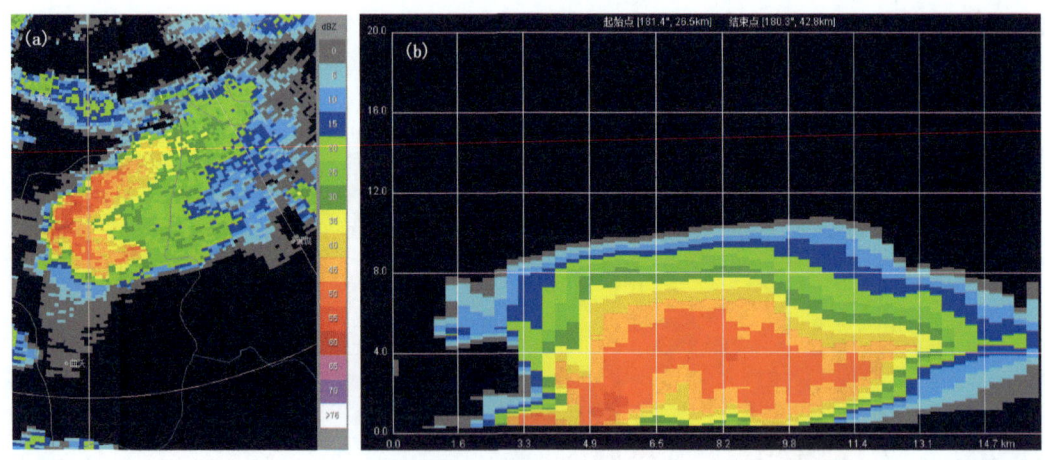

图 5.6 2016 年 4 月 27 日 14:31 临汾雷达 2.4°仰角反射率因子(a)和垂直剖面(b)

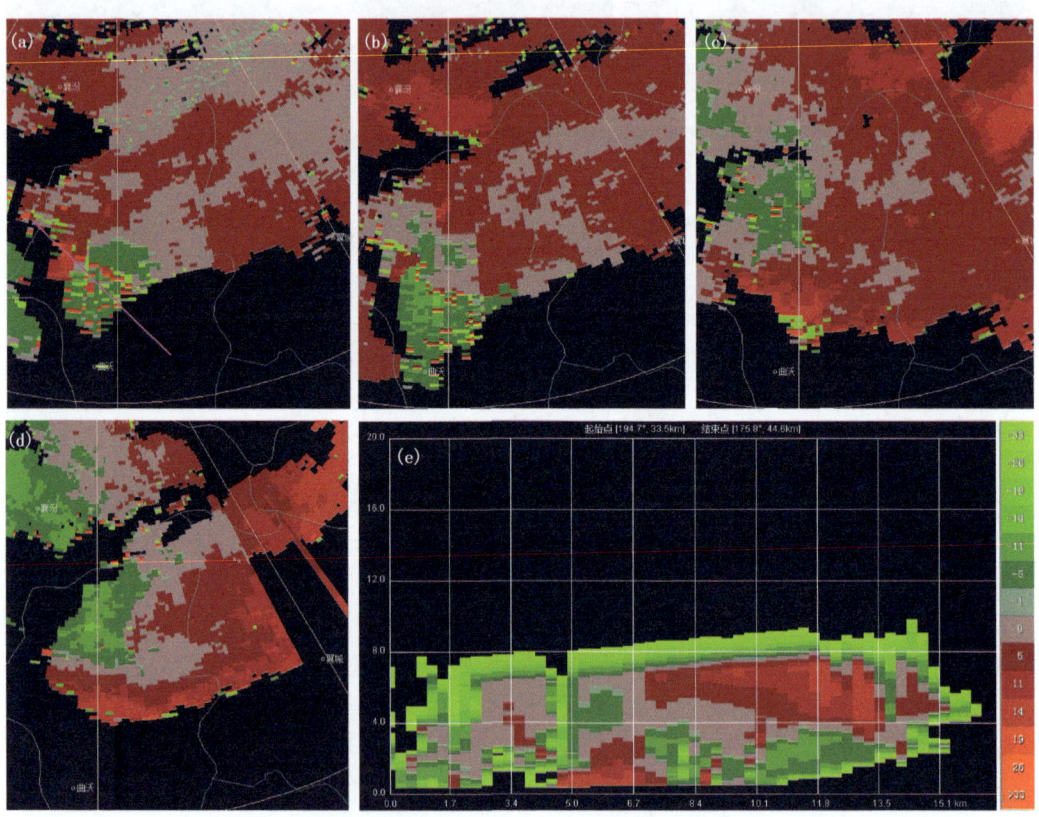

图 5.7 2016 年 4 月 27 日 14:31 临汾雷达 1.5°(a)、3.4°(b)、9.9°(c)、14.6°(d)仰角径向速度
和沿紫色线的垂直剖面(e)

增强的过程中,且跃增的时间很短,稍纵即逝,不易捕捉,对短时临近预警来说基本没有提前量。

孝义 15:24 出现直径为 13 mm 的冰雹,汾阳 15:21 出现了直径为 3 mm 的冰雹。雷达回波上(图略),15:06汾阳附近出现了45~50 dBZ的雷达回波,15:18孝义附近出现了45~50 dBZ的回波。强回波高度较低,在0 ℃层高度附近,大约4 km,回波具有低质心的特点。

此次春季冰雹对流单体尺度小,发展速度快,新绛大冰雹系统的雷达回波有钩状回波、回波悬垂、有界弱回波和三体散射长钉等特征,但强回波高度比夏季冰雹低,冰雹典型的高悬强回波特征不明显,垂直积分液态水含量较低。汾阳、孝义等地小冰雹的反射率因子强度比新绛大冰雹弱,强回波高度低,呈现低质心结构特征,观测不到钩状回波、高悬强回波、弱回波(有界弱回波)、三体散射长钉等特征,使得短时临近预报中容易漏报冰雹。

5.4　2016年6月4日山西中南部冰雹个例

2016年6月4日,山西中南部的石楼、灵石、左权、沁县、平顺、襄垣、潞城、壶关、长治、吉县、万荣、临猗、平定、长子、陵川、高平、永济等17站出现了冰雹。其中,出现在18:10的陵川冰雹直径最大,达40 mm,并伴随有短时强降水,永济冰雹直径20 mm(18:50—19:30),长治、长子也伴有短时强降水,长治15:00—16:00雨量达49 mm。

此次多地冰雹是由多单体风暴产生的。山西中南部地区呈现出典型的蒙古冷涡云系尾部分散的多对流单体特征,这些对流单体此消彼长,移动缓慢,多呈圆形或椭圆形,尺度小,强度强,石楼、吉县、灵石、屯留、潞城、长治、壶关、临猗的组合反射率因子强度最强都超过了60 dBZ,这些超过60 dBZ的强回波产生了冰雹。

图5.8给出了临汾雷达监测的灵石、吉县、襄垣的反射率因子和垂直剖面。由图可见,三地的冰雹都是由孤立的对流单体造成的,各个对流单体呈密实块状,尺度小,回波强度都超过55 dBZ,都具有高悬强回波和有界弱回波或弱回波特征。

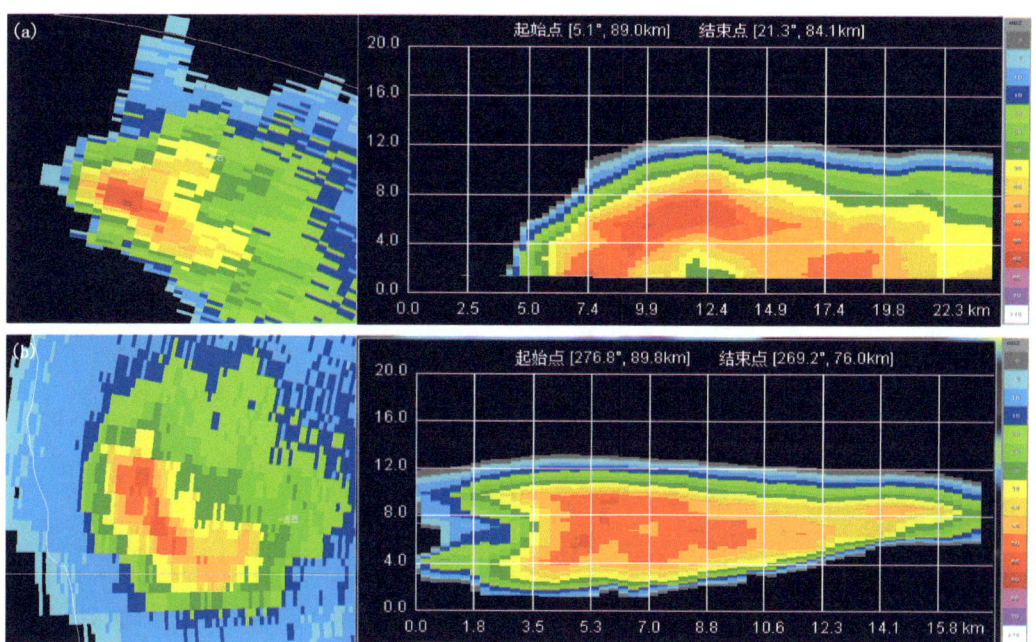

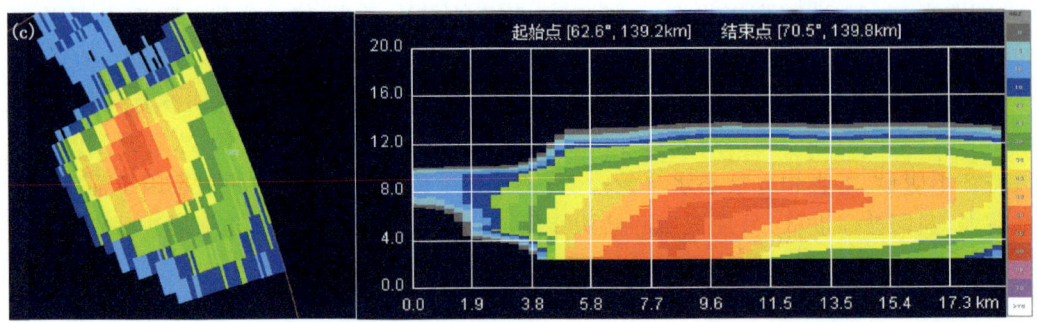

图5.8 2016年6月4日15:09灵石4.3°仰角(a)、15:04吉县6.0°仰角(b)、15:36襄垣6.0°仰角(c)反射率因子和垂直剖面

灵石4.3°仰角的回波仍然很强,超过了55 dBZ,表明强回波高度较高,可以看出有三体散射特征,回波顶高达12 km,55 dBZ以上强回波主要位于4~9 km高度,此次冰雹天气0 ℃层高度为4.1 km,−20 ℃层高度为6.9 km,表明55 dBZ以上强回波都在0 ℃层高度之上,45 dBZ以上强回波的伸展高度超过−20 ℃层高度3 km。垂直剖面上有明显的有界弱回波区(BWER),穿隆顶达到了4 km高度,BWER之上是悬垂强回波。

吉县6.0°仰角的回波仍然很强,最大反射率因子超过55 dBZ,回波顶高超过12 km,50 dBZ以上强回波主要位于4~10 km高度,都在0 ℃层高度之上,45 dBZ以上的强回波超过了−20 ℃层高度3 km。垂直剖面上,高悬强回波下面有弱回波区。

襄垣6.0°仰角的回波也很强,最大反射率因子超过55 dBZ,还有旁瓣回波特征。55 dBZ以上强回波主要位于4~8 km高度,45 dBZ以上强回波伸展高度超过−20 ℃层高度2 km,回波顶高超过12 km。

据灾情报告统计,此次冰雹过程中,陵川冰雹最大,直径达40 mm。利用长治多普勒雷达探测资料分析造成陵川大冰雹前(18:06)的反射率因子(图5.9),0.5°仰角上回波不强,有入流缺口,回波呈勾状,最大反射率因子45 dBZ,且强回波面积小;2.4°仰角上有明显勾状回波特征,入流缺口明显,回波明显变强,且强回波面积变大,最大反射率因子达到53 dBZ;4.3°仰角上回波进一步增强,可以看出明显的三体散射特征,最大反射率因子58 dBZ;6.0°仰角上回波依然很强,最大反射率因子58 dBZ,可见强回波位于较高的高度。

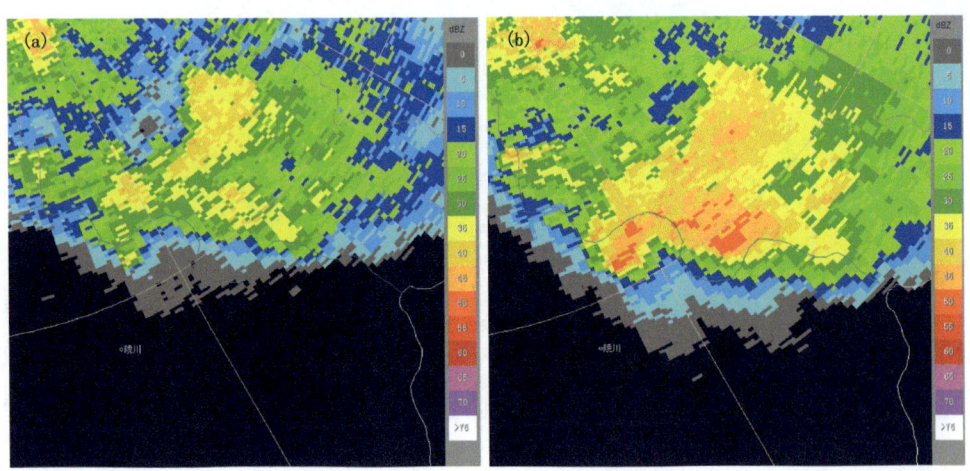

第 5 章　山西冰雹天气的雷达回波特征

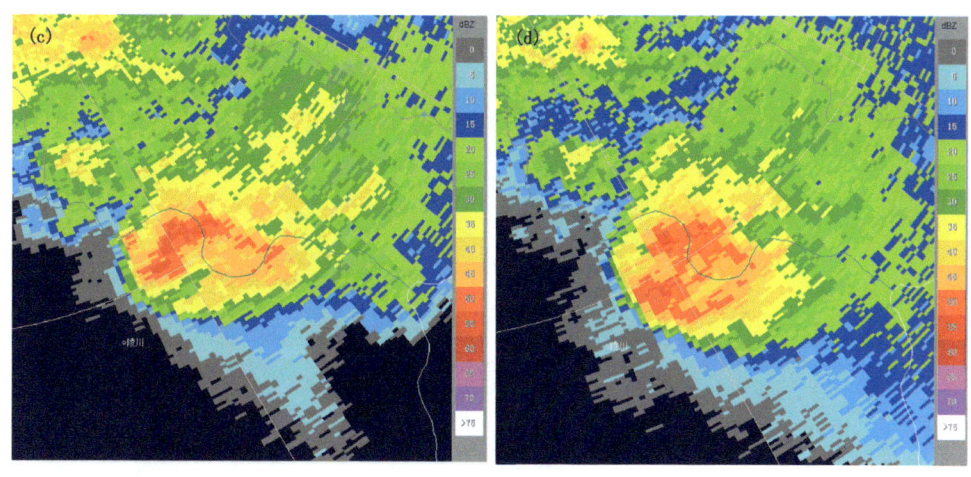

图 5.9　2016 年 6 月 4 日 18:06 长治雷达 0.5°(a)、2.4°(b)、4.3°(c)、6.0°(d)仰角反射率因子

冰雹发生前(17:56)的强回波高度更高。17:56 的垂直剖面图(图 5.10)上,冰雹强回波的悬垂特征明显,低层有明显入流弱回波区,回波顶高超过 12 km,50 dBZ 强回波达到 8 km 高度,此次冰雹天气 08 时的 0 ℃层高度为 4.1 km,−20 ℃层高度为 6.9 km,表明 0 ℃层高度之上 50 dBZ 以上的强回波厚度达 4 km,50 dBZ 回波伸展高度超过−20 ℃层高度 1.1 km 以上。

从垂直积分液态水含量分布来看,17:56 最大值达 32 kg/m²,18:01 增至 41 kg/m²(图 5.10),跃增量达 9 kg/m²。18:06 降到了 26 kg/m²,之后随着冰雹的降落快速下降。

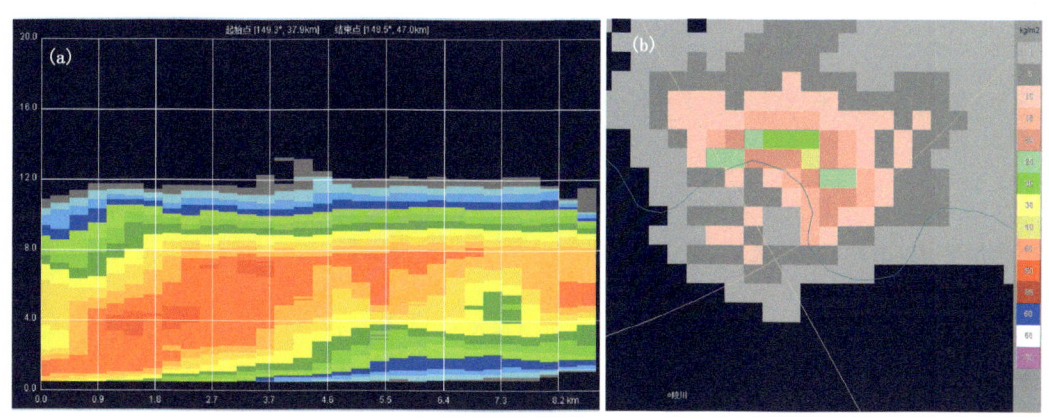

图 5.10　2016 年 6 月 4 日 17:56 长治雷达反射率因子垂直剖面(a)和 18:00 VIL 分布(b)

3.4°和 4.3°仰角的径向速度图上有明显的正、负速度对(图 5.11),速度对中的正速度出现了模糊,红色最大值突变到绿色最大值,退模糊处理后正速度达 56 m/s,负速度达 20 m/s,且速度对维持了 6 个体扫,是深厚持久的中气旋,由此推断造成陵川大冰雹的是超级单体风暴。径向速度图上也可以看出三体散射特征,9.9°仰角径向速度图上还可以看出风暴顶辐散,雷达回波最外围的绿色区是模糊了的正速度。

沿着图 5.11c 中紫色线在中气旋上做垂直剖面,可以看出低层有气旋性辐合,风暴内垂直风切变大,低层是朝向雷达的负速度,中高层是离开雷达的正速度。

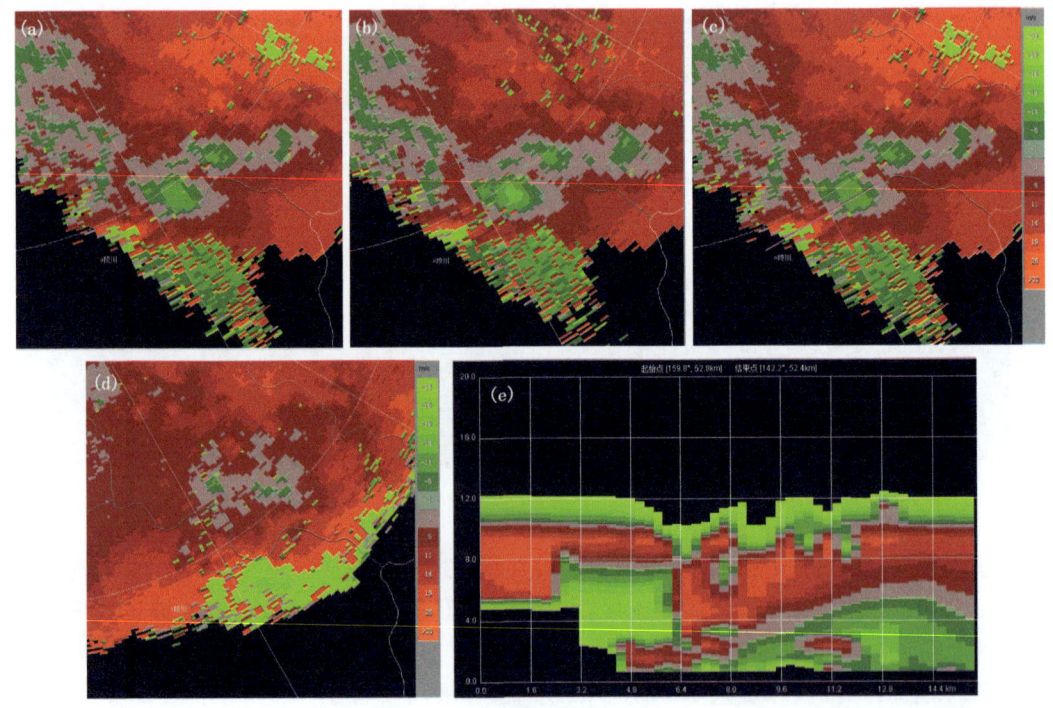

图 5.11　2016 年 6 月 4 日 17:56 长治雷达 3.4°(a)、4.3°(b)、6.0°(c)、9.9°(d)仰角径向速度和径向速度垂直剖面(e)

5.5　2016 年 6 月 13 日长治大冰雹雷达回波特征

2016 年 6 月 13 日下午,在高空东北冷涡后部横槽上蒙古冷涡发展,地面配合有河套气旋的环流形势下,山西长治、襄垣、壶关、陵川等地都出现了大冰雹,其中长治冰雹最大,最大直径达 60 mm。

由长治雷达观测可知,此次大冰雹是由超级单体风暴造成的,造成大冰雹的超级单体风暴生命期达 5.5 h 之久。13:04 在沁县北部有 20 dBZ 的弱回波生成,尺度只有 4 km,之后回波在地面辐合线附近迅速发展增强,对应的地面加密观测图上,长治以北有偏南风和偏东风的辐合线,辐合线以南有显著偏南气流向冰雹区输送。到 14:02 回波尺度迅速增长到 30 km 以上,并呈现出钩状回波特征,中心强度增长到 60 dBZ,已初显超级单体特征,之后风暴在高空西北气流引导下向东南方向移动。15:10—16:00 风暴进入长治市区并滞留了 50 min,导致大冰雹持续了 50 min,冰雹最大直径达到 60 mm,在此期间钩状回波特征更为明显,中心强度增大到 65 dBZ,其中 15:41 出现了标志大冰雹的三体散射特征(图 5.12a),15:56 钩状回波最强(图 5.12b)。16:48—17:17 风暴进入壶关,造成 22 mm 的大冰雹;18:16—19:14 进入陵川,造成 30 mm 的大冰雹,之后风暴移出山西并逐渐减弱消失。

回波强度图上,从 0.5°仰角到 14.6°仰角回波钩状结构都明显,且从低层到高层钩部强回波前倾,高层强回波悬于低层弱回波区之上。对应在径向速度图(图 5.13)上,从 0.5°仰角到

第 5 章 山西冰雹天气的雷达回波特征

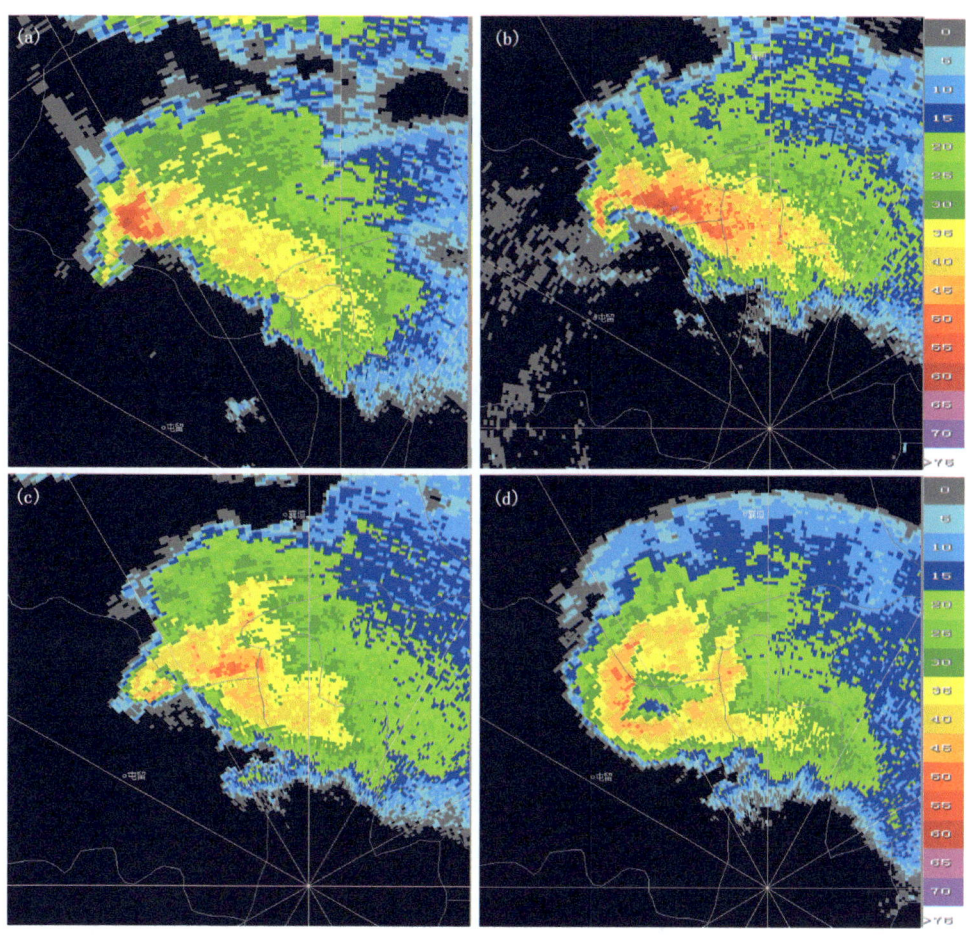

图 5.12 2016 年 6 月 13 日长治雷达 15:41 时 3.4°仰角(a)和 15:56 时 2.4°(b)、9.9°(c)、19.5°(d)仰角反射率因子

9.9°仰角,辐合性中气旋特征明显,径向速度超过 33 m/s,属于强的中气旋,风暴顶辐散位于 19.5°仰角以上,说明有强盛的上升气流。

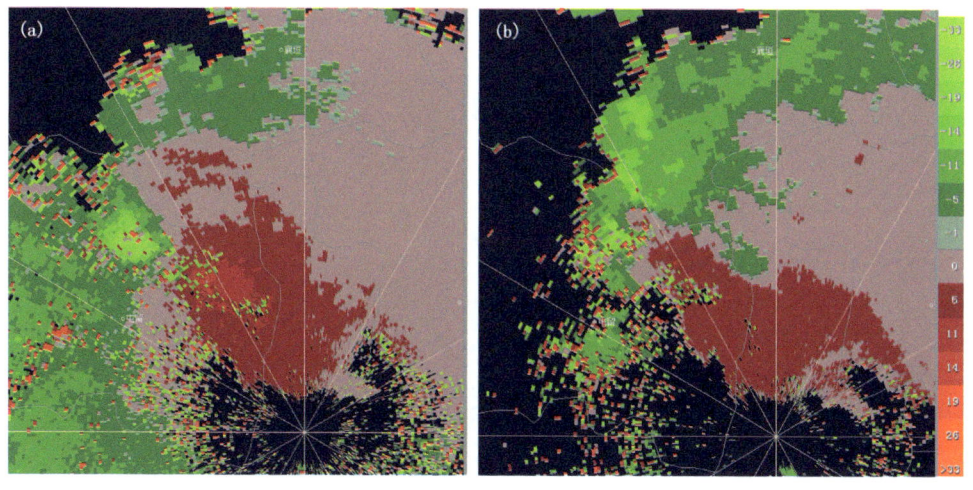

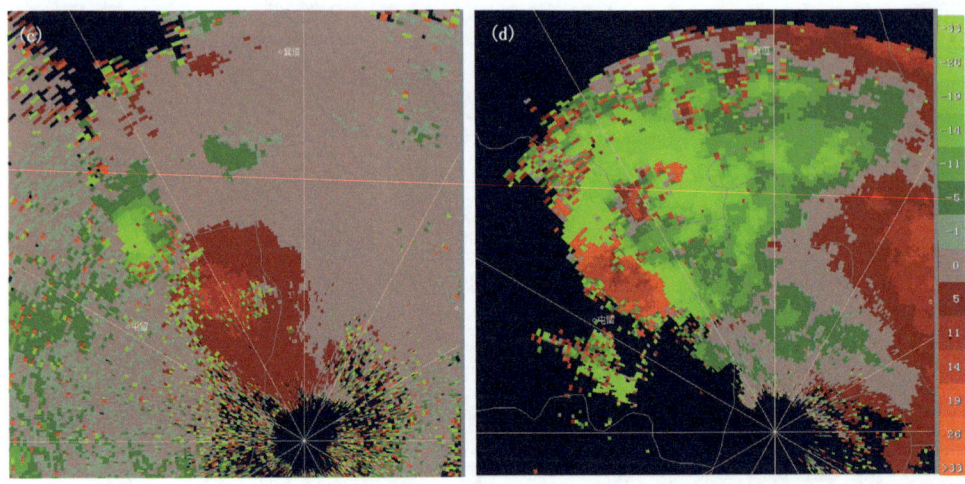

图 5.13　2016 年 6 月 13 日 15:56 长治雷达 0.5°(a)、2.4°(b)、
14.6°(c)、19.5°(d)仰角径向速度

由于超级单体风暴距离长治雷达不足 25 km,因此 8 km 以上回波被遮挡,无法做出完整的剖面。为了更详细了解风暴结构,对郑州雷达 16:36 的回波特征进行分析。

由图 5.14a 可知,超级单体风暴中心 1.5°仰角反射率因子强度达 60 dBZ。沿图 5.14a 的紫色线方向,也即沿低层入流方向做反射率因子垂直剖面得到图 5.14c,由剖面可见超级单体风暴的高悬强回波和有界弱回波区结构,回波顶高达 17 km,50 dBZ 以上的强回波高度伸展至 13 km,由 08 时探空资料可知环境 0 ℃层高度为 4.2 km,−20 ℃层高度为 7.2 km,−20 ℃层高度之上的 50 dBZ 以上强回波厚度高达 5.8 km。

由图 5.14b 可知,2.4°仰角径向速度超过 30 m/s,中气旋特征明显,属于强的中气旋。沿图 5.14b 的紫色线做径向速度垂直剖面得到图 5.14d,可看到超级单体风暴前沿 4 km 以下的有界弱回波区有自下而上的斜升暖湿气流,沿中低层负速度区倾斜上升。风暴前沿中低层有强的辐合,中气旋的负速度区上空 10～16 km 高度为辐散层,辐散顶高达 16 km,径向速度≥33 m/s。风暴后侧 4～6 km 高度有径向速度达−33 m/s 中高层入流,将高动能的干冷空气向地面引导,促使地面出流增强,导致风暴前沿的辐合抬升增强,使得超级单体风暴生命得以维持。

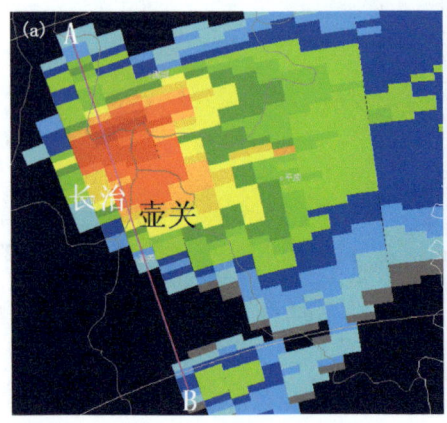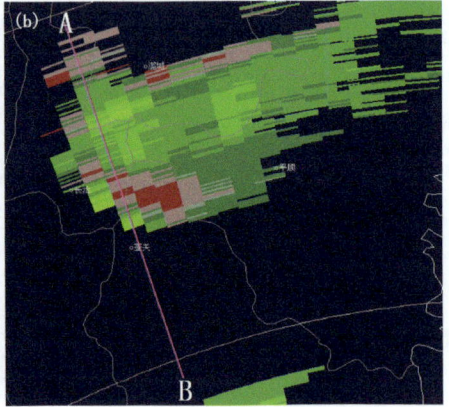

第 5 章　山西冰雹天气的雷达回波特征

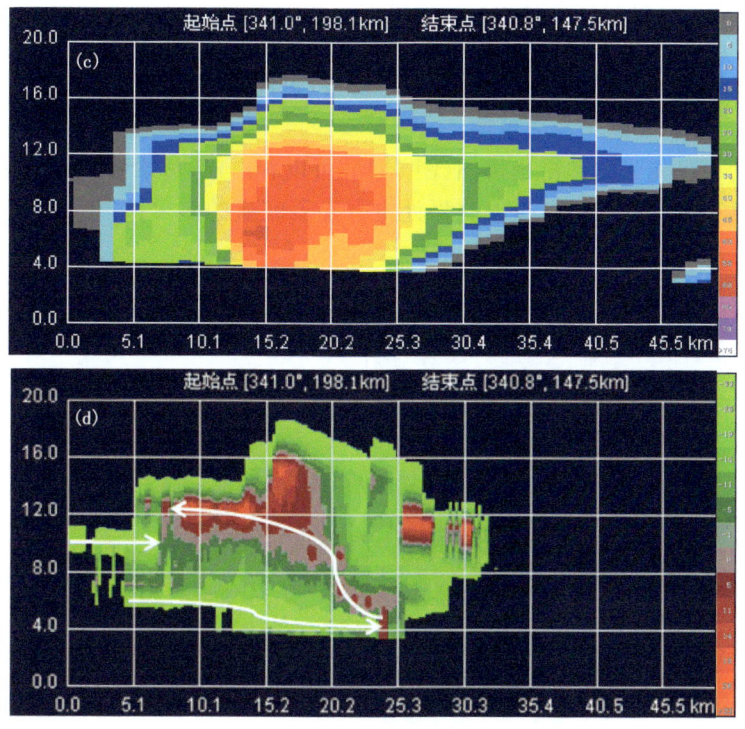

图 5.14　2016 年 6 月 13 日 16:36 郑州雷达 1.5°反射率因子(a)、2.4°径向速度(b)及沿紫色线的反射率因子剖面(c)和径向速度剖面(d)

从垂直积分液态水含量分布来看(图略),14:48 的 VIL 值为 17 kg/m^2,14:54 VIL 值出现了跃增,比上一个体扫跃增了 28 kg/m^2,增加到 45 kg/m^2,14:54 也是 VIL 值最大的时刻。这次超级单体风暴的 VIL 值较小,可能是因为风暴距离雷达太近,由于静锥区的影响,较高仰角的回波观测不到,影响了 VIL 值的计算。

5.6　2017 年 7 月 14 日河津冰雹雷达回波特征

2017 年 7 月 14 日,山西大部出现了强对流天气,全省有 73 站出现了雷暴,11 站出现了冰雹,分别是河津(17:05,6 mm;17:22,20 mm)、稷山(大如核桃)、万荣(16:40—16:43)、闻喜、吉县、隰县(17:10,8 mm;17:15,19 mm)、太谷(14:15,4 mm)、文水、岚县、代县、天镇。河津伴有短时强降水和雷暴大风,隰县伴有短时强降水,文水、代县伴有雷暴大风,17:00—18:00中阳、垣曲出现了短时强降水,最大雨强在中阳,小时降水量达 31.9 mm。此外,还有 10 站出现了雷暴大风。

当日山西中南部出现了最高温度达 35~41.3 ℃的高温天气,近地面高温与高空东北冷涡后部南下冷空气叠加,形成了不稳定形势,500 hPa 高空槽超前于 700 hPa 和 850 hPa 的"人"字形切变,前倾槽结构明显,500 hPa 冷平流叠加在 850 hPa 暖平流之上,使不稳定进一步发展。

太原 08:00 探空图上 CAPE 为 417 J/kg,用 14:00 的地面温度和露点订正后,CAPE 值达到了 2750 J/kg，强天气威胁指数为 376，对流层中层有明显干层，0 ℃层高度为 4.9 km，−20 ℃层高度为 7.8 km，抬升凝结高度为 0.8 km，垂直风切变较弱，0~6 km垂直风切变小于 10 m/s。在较弱垂直风切变条件下，只要对流有效位能较大，也能产生较强冰雹和雷暴大风的脉冲风暴，其初始回波高度明显高于普通单体。

由 17：00 的可见光云图和雷达拼图（图 5.15）可以看出，从吕梁到临汾北部有一条南北走向的线性多单体风暴，同时临汾、运城交界处也有发展旺盛的多单体风暴，风暴整体向偏西方向移动。

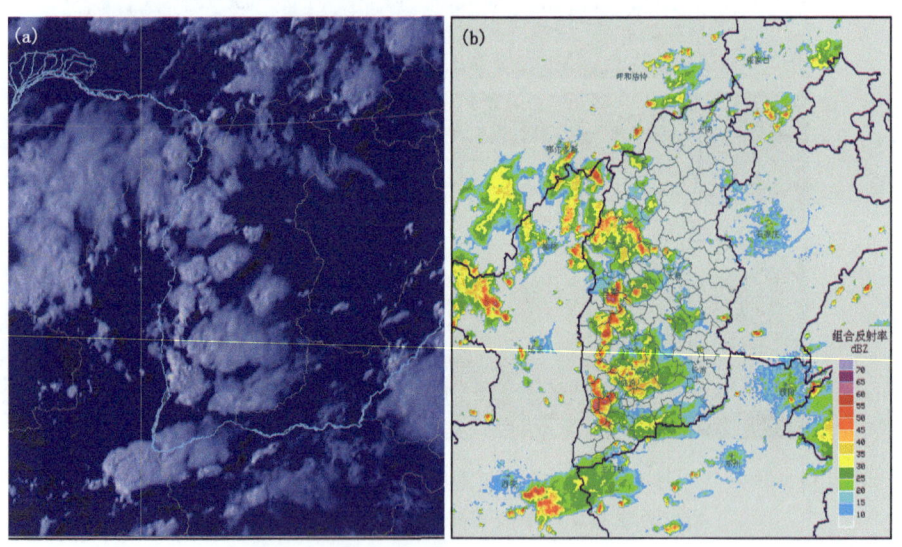

图 5.15　2017 年 7 月 14 日 17：00 可见光云图（a）和山西雷达拼图（b）

河津大冰雹发生前 6 min，即 17：16 的反射率因子图上，回波强度已达 60 dBZ，回波顶高达 14.9 km，17：21 回波强度增大到 65 dBZ 以上（图 5.16），2.4°、3.4°、4.3°仰角上都有三体散射特征，1 min 之后大冰雹降落。反射率因子垂直剖面图上可见高悬的强回波和低层入流弱回波区，50 dBZ 以上的强回波位于 3~9 km 高度，强度核高度超过 9 km，核心强度超过 65 dBZ。08：00 太原探空图上−20 ℃层高度为 7.8 km，超过−20 ℃等温线所在高度的 50 dBZ 以上强回波厚度达 1.2 km。径向速度图上有正、负速度对，速度垂直剖面上可以看出强回波所在位置有低层辐合、高层辐散的特征（图 5.17）。

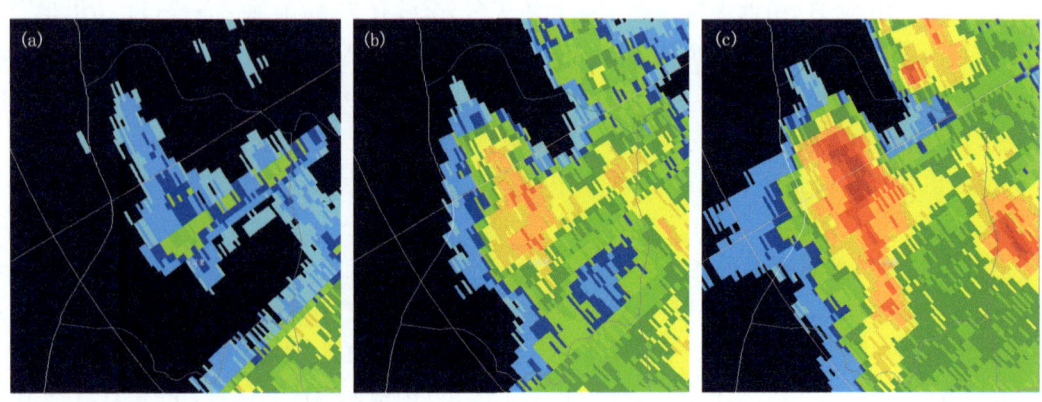

第5章 山西冰雹天气的雷达回波特征

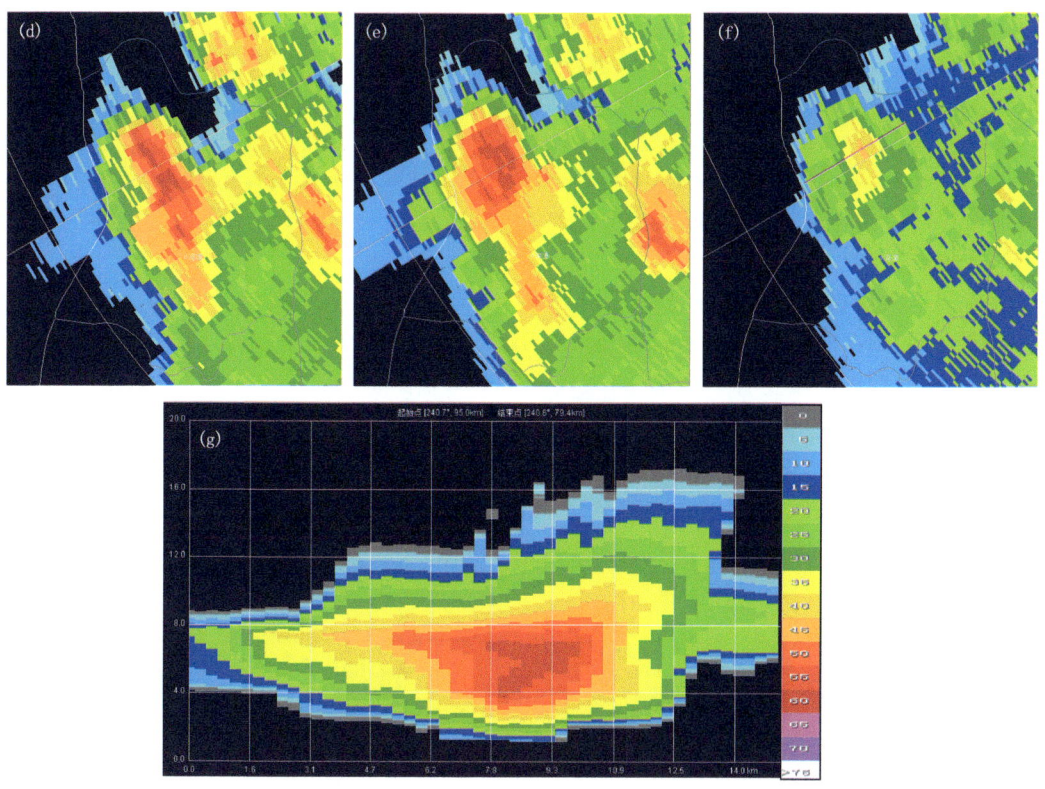

图 5.16 2017年7月14日17:21临汾雷达0.5°(a)、1.5°(b)、2.4°(c)、3.4°(d)、
4.3°(e)、6.0°(f)反射率因子和垂直剖面(g)

垂直积分液态水含量由17:16的35 kg/m² 跃增到17:21的55 kg/m²，跃增量20 kg/m²，17:28 VIL值最大，达到80 kg/m²。

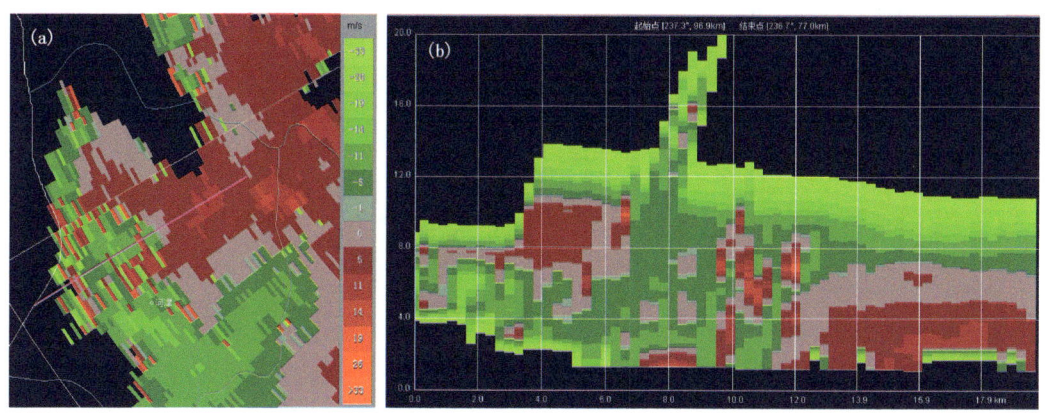

图 5.17 2017年7月14日17:21临汾雷达1.5°仰角径向速度(a)和垂直剖面(b)

5.7　2017年8月11日阳泉大冰雹雷达回波特征

2017年8月11日16:10阳泉、平顺出现了冰雹,阳泉冰雹直径达40 mm,平顺16 mm。阳泉伴有小时降水量为22.1 mm的短时强降水和风速达24 m/s的雷暴大风(16:02),平顺伴有雷暴大风。

分析阳泉大冰雹的雷达回波特征(图5.18),15:57回波达到最强,0.5°仰角上基本反射率因子强度达53 dBZ,1.5°和2.4°仰角都达58 dBZ,低层呈钩状回波形态,并有三体散射和旁瓣回波特征,强回波随高度上升向南偏移,表现出回波悬垂的特征。

在15:57和16:02的垂直剖面图上(图5.18d、e),出现了尖顶回波,说明单体较强,具有降大冰雹的可能性。高悬强回波下有明显的有界弱回波区,表示近地面层存在强上升气流,导致出现了入流缺口。15:57回波顶高达到15 km,50 dBZ以上强回波伸展高度达11.5 km,超过-20 ℃等温层约4 km。由08时太原探空资料可知,0 ℃层高度为4.7 km,-20 ℃层高度为7.5 km。

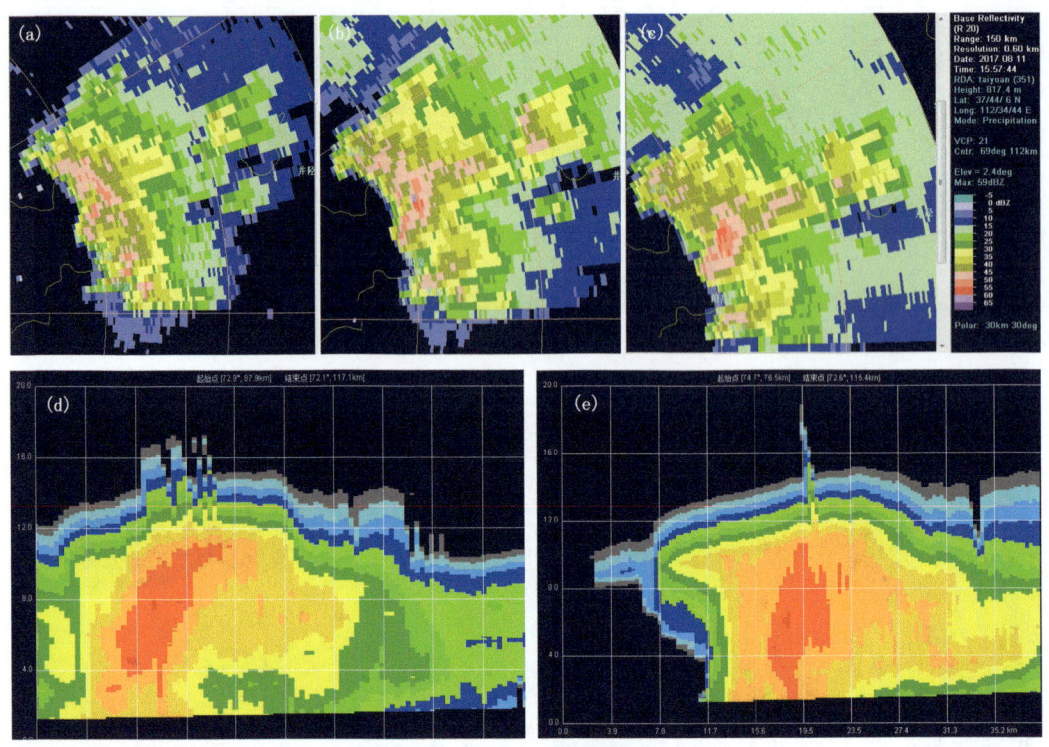

图5.18　2017年8月11日15:57阳泉雷达0.5°(a)、1.5°(b)、2.4°(c)仰角的
基本反射率因子和15:57(e)、16:02(f)垂直剖面

从速度图上可以看出在阳泉地区有中气旋(图5.19)。0.5°仰角速度图上,负速度达27 m/s,有强东风辐合。1.5°和2.4°仰角速度图上,有正速度为17 m/s,负速度达17 m/s的速度对,有深厚持久的中气旋,说明造成此次大冰雹的是超级单体风暴。当出现超级单体时,

通常会有大冰雹,比如 2016 年 6 月 13 日长治 60 mm 的大冰雹,2004 年 7 月 3 日榆次持续时间长达 40 min,直径达 37 mm 的大冰雹,还有 2006 年 7 月 12 日 17:15—17:29 阳泉、17:30—18:00 平定的超级单体大冰雹。

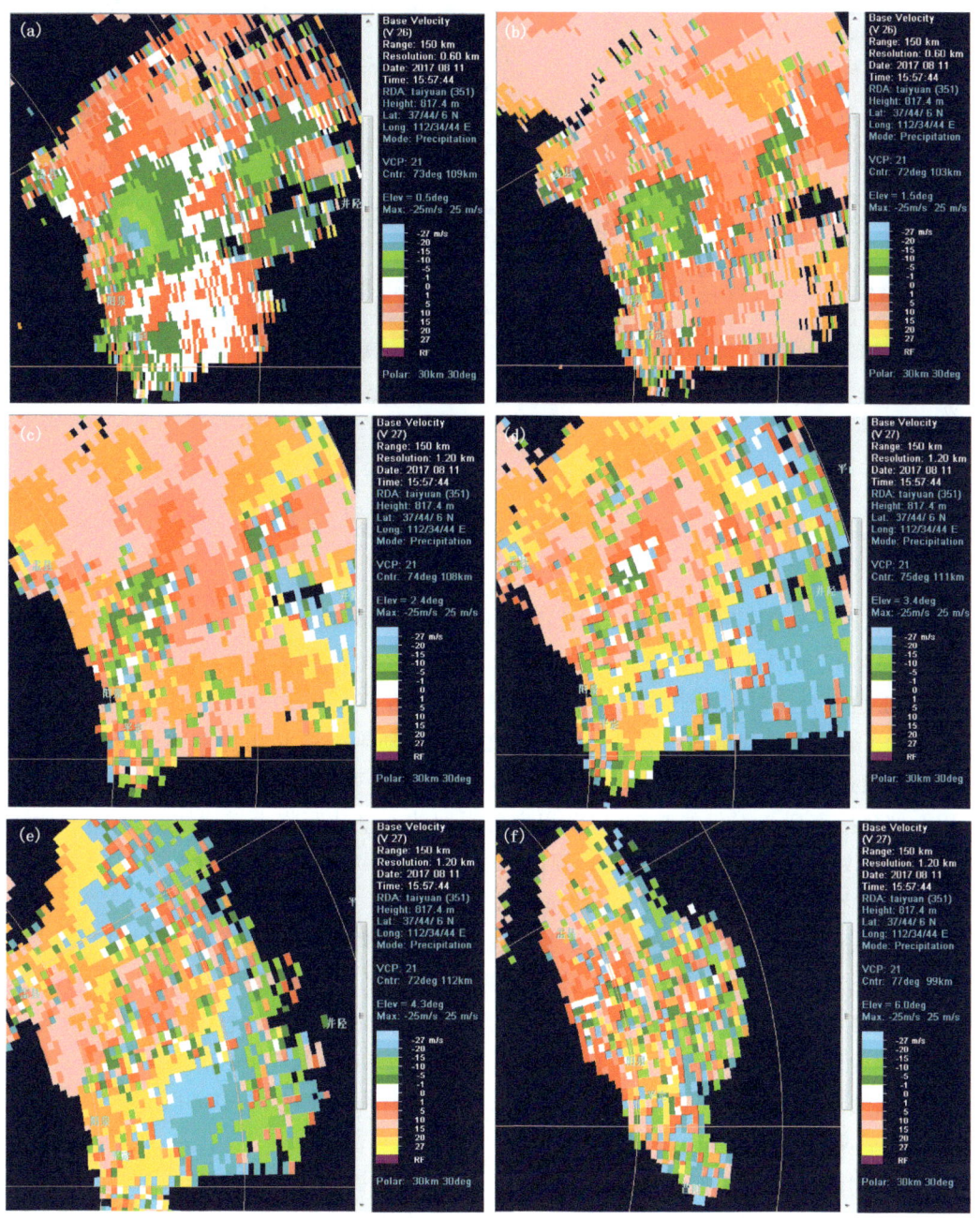

图 5.19 2017 年 8 月 11 日 15:57 阳泉雷达 0.5°(a)、1.5°(b)、2.4°(c)、3.4°(d)、
4.3°(e)、6.0°(f)仰角径向速度

15:52 最大垂直积分液态水含量为 45 kg/m², 到 15:57 跃增为 65 kg/m²(图 5.20),增量达 20 kg/m²,比大冰雹降落有 10 min 的提前量。

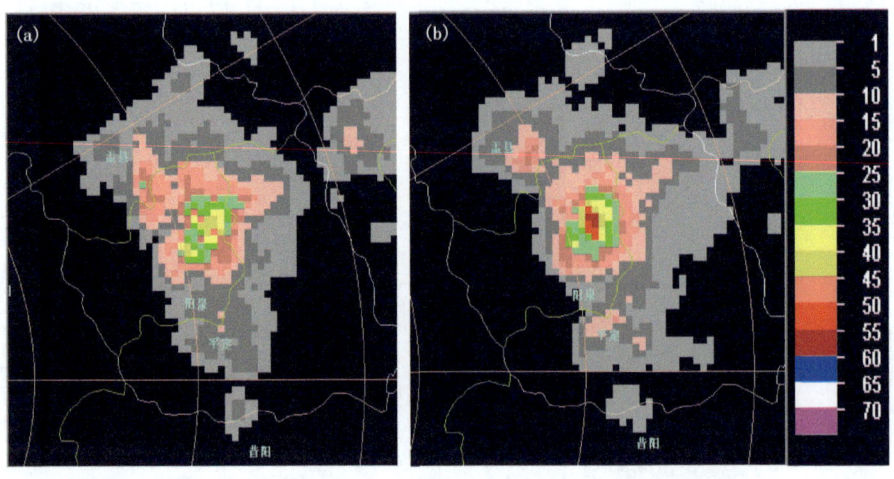

图 5.20　2017 年 8 月 11 日 15:52(a)和 15:57(b)垂直积分液态水含量(单位:kg/m²)

5.8　2018 年 7 月 16 日平陆冰雹雷达回波特征

2018 年 7 月 16 日,平陆 14:24 出现了 23.0 m/s 的瞬间西风,14:32 出现了 27.0 m/s 的瞬间西风,14:37 出现了直径 15 mm 的冰雹。

临汾雷达组合反射率因子图上,14:03 在平陆西南方有一块状强回波单体从河南移入,尺度较小(20 km 见方),强度较强,达 50 dBZ。之后回波随副热带高压边缘的西南气流向东北方向移动,经过 3 个体扫后,14:19 到达平陆,由图 5.21 可见,0.5°仰角反射率因子强度达 59 dBZ,仰角抬高到 3.4°仍然有 50 dBZ 以上的强回波。平陆距临汾雷达站较远,直线距离约 140 km,基本处在雷达探测范围的边缘,因此 3.4°仰角观测到的高度约为 8.3 km,也即 8.3 km 高度之上仍然有 50 dBZ 以上的强回波。

沿低层入流方向从南向北通过雹暴强回波中心做剖面(图 5.21d),发现 14:19 回波顶上冲高达 18 km,云顶上冲说明雹云中上升气流很强,50 dBZ 以上的强回波高度达到了 12.5 km 左右,并且可以看到低层入流弱回波区和中高层高悬强回波。此次冰雹发生在副热带高压边缘高温高湿的环境下,0 ℃层高度为 5.2 km,-20 ℃层高度为 8.5 km,0 ℃层和-20 ℃层高度比其他天气流型的个例都要高。超过-20 ℃等温线所在高度的 50 dBZ 以上强回波厚度达 4 km,此区间是冰雹生长的重要区域。

与强度剖面对应的速度垂直剖面上(图 5.21f),在强回波中心处 5 km 以下的低层有辐合,5~8 km 高度有辐散,8~12 km 高度又有辐合,风暴顶有辐散。

沿中高层干空气侵入方向由西向东通过雹暴强回波中心做垂直剖面(图 5.22)可见,8~12 km 高度处,中高层入流急流的干冷空气进入风暴后,导致风暴中高层回波倾斜,强回波悬垂。对应在径向速度剖面图中可以看出风暴内垂直风切变很大,低层有入流,6 km 高度以下有正、负速度大值中心对,最大径向风速为 33 m/s,表示中低层有气旋性辐合,8~12 km 高度

第5章 山西冰雹天气的雷达回波特征

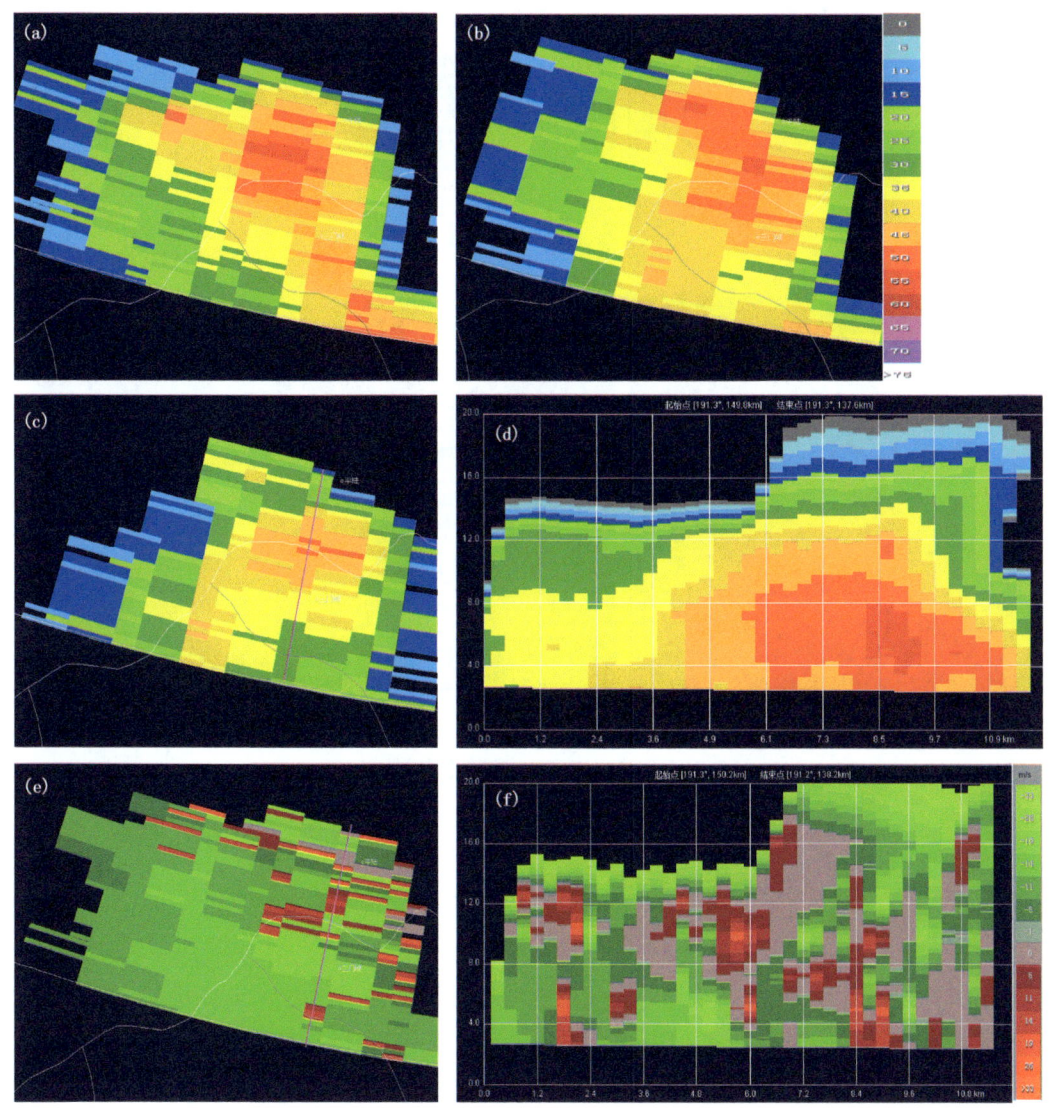

图 5.21　2018 年 7 月 16 日 14:19 临汾雷达 0.5°(a)、1.5°(b)、3.4°(c)仰角反射率因子和
3.4°仰角反射率因子垂直剖面(d)、0.5°仰角径向速度(e)及其垂直剖面(f)

处存在一支速度为 21 m/s 的大风速核,是中高层干冷空气入流形成的正速度,干冷空气进入风暴后,使得风暴内垂直风切变增大,12 km 高度以上是负速度,16 km 高度以上又有正速度中心,表明风暴内空气上下翻滚,运动复杂,有利于冰相粒子在其中碰并增长,形成冰雹。低层风场的辐合扰动以及中高层的冷空气侵入是产生本次强冰雹过程的触发因素。

14:08—14:14 垂直积分液态水含量出现了跃增,从 20 kg/m² 增长到 36 kg/m²,增量达 16 kg/m²,14:14 达到最大 45 kg/m²,预示了冰雹将要发生,时间提前量约为 18 min。

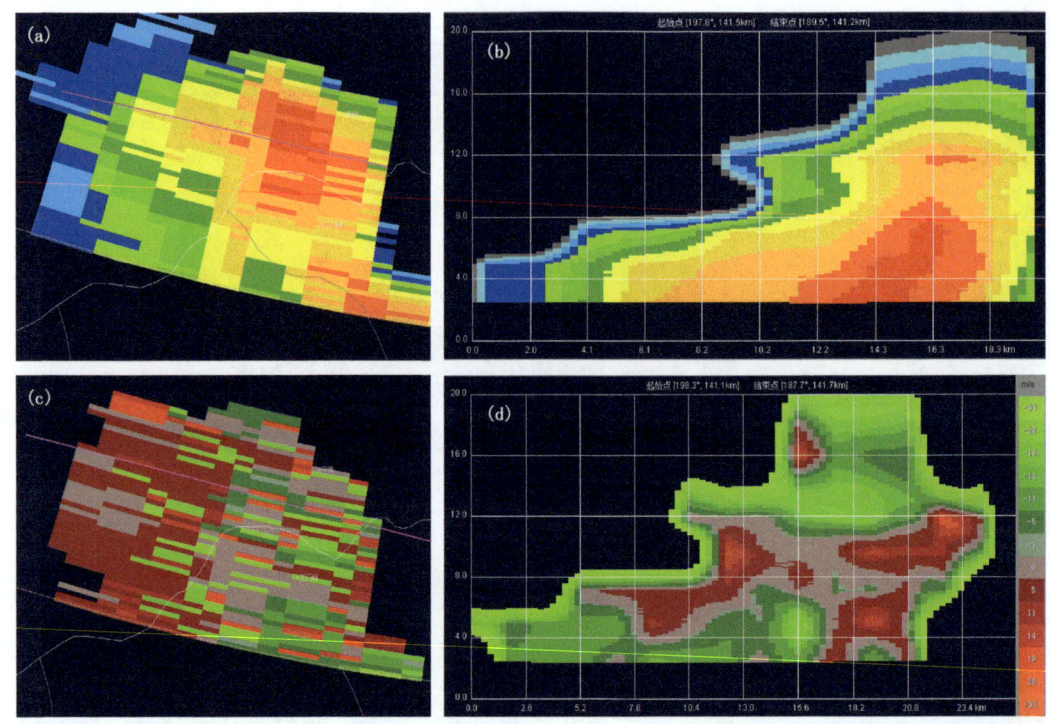

图 5.22 2018 年 7 月 16 日 14:19 临汾雷达 2.4°仰角反射率因子(a)及其垂直剖面(b)、2.4°仰角径向速度(c)及其垂直剖面(d)

5.9 2019 年 4 月 24 日雷达回波特征

2019 年 4 月 24 日下午,受东北冷涡后部高空槽和地面河套气旋的共同影响,山西自西北向东南普遍出现了强对流天气。据山西省民政局灾情报告统计,广灵、天镇、灵丘、左云、右玉、偏关(13:03,9 mm)、保德、代县、五台山、岢岚、原平、汾阳、临县、石楼、交城、祁县、寿阳、左权、榆社、临汾尧都区、吉县(17:56,6 mm)、霍州(17:20,6 mm)、大宁、汾西(6 mm)、古县、浮山、乡宁、洪洞、长子、武乡、屯留、襄垣、高平(19:56—19:58,8 mm)、运城盐湖、临猗、永济、夏县、河津、稷山、垣曲、平陆等 41 个县(市、区)出现了冰雹,冰雹直径普遍为 6~9 mm,榆社出现了冰雹加洪水,雨急风大,冰雹密集,在地上积了厚厚的一层,有牲畜被冰雹砸死,开花植物严重受损,多个乡镇果树绝收。

本次冰雹天气受 2 支天气系统影响,分别是山西北部的锋面系统和山西以西的地面低压及切变线系统,2 支天气系统分别产生的 2 支对流云团性质不同,北支是冷性的,南支是暖性的。2 支对流云团相遇后加强,17:26 分散的多单体组织成线状对流,组织化后移动速度加快,移到临汾、长治一线时发展成为飑线。

由于距离榆社最近的太原雷达正处于维修期,只能用吕梁雷达研究榆社冰雹的雷达回波特征。从 17:20 的反射率因子(图 5.23)上看,造成冰雹的是尺度较小的块状强回波单体,0.5°仰角反射率因子强度较弱,回波面积也小(约为 14 km×20 km),抬高仰角到 2.4°和 3.4°,回波面积增大到 45 km×50 km,强度也增强,中心强度超过 65 dBZ,抬高到 4.3°仰角仍然有 50 dBZ 以上的强回波,榆社雹暴距雷达的直线距离约为 150 km,2.4°、3.4°、4.3°仰角的探测高度分别达到了 6.7 km、8.9 km、11.3 km,表明 8 km 以上有 65 dBZ 以上的强回波,11 km 以上还有 50 dBZ 以上的强回波,是高悬强回波,2.4°仰角可以看到三体散射特征。

通过反射率因子最强处沿着风暴的移动方向做垂直剖面(图 5.23e)可以发现,回波顶高达 14.2 km,中高层的强回波随高度向东倾斜,50 dBZ 以上的强回波高度位于 4~10 km,核心强度超过 65 dBZ,并可以看到低层有入流弱回波区。08:00 太原探空图上 0 ℃层高度为 3.9 km,−20 ℃层高度为 6.8 km,超过−20 ℃等温线所在高度的 50 dBZ 以上强回波厚度达 3.2 km,此区间是冰雹生长的重要区域。此外,垂直剖面图上还可见尖顶回波,尖顶高度达 17.3 km,尖顶回波也预示会有冰雹出现。

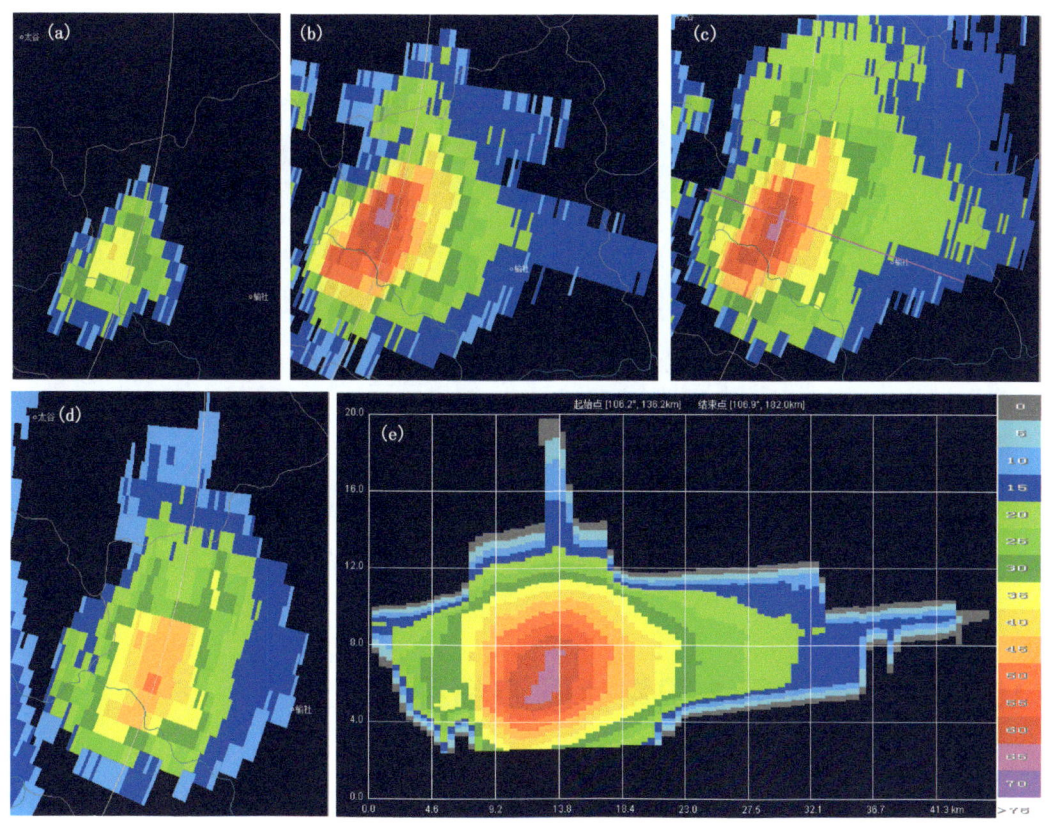

图 5.23　2019 年 4 月 24 日 17:20 吕梁雷达 0.5°(a)、1.5°(b)、2.4°(c)、3.4°(d)
仰角反射率因子和垂直剖面(e)

从径向速度(图 5.24)来看,中低层有正、负速度对。从沿着低层入流方向径向速度的垂直剖面也可以看出,风暴中低层有气流辐合。

此次冰雹过程垂直积分液态水含量(VIL)异常大(图 5.25),17:08 为 50.1 kg/m², 17:14 增至 78.8 kg/m²,一个体扫跃增了 28.7 kg/m²,17:20 达到了 106.3 kg/m²,跃增了 27.5 kg/m²。

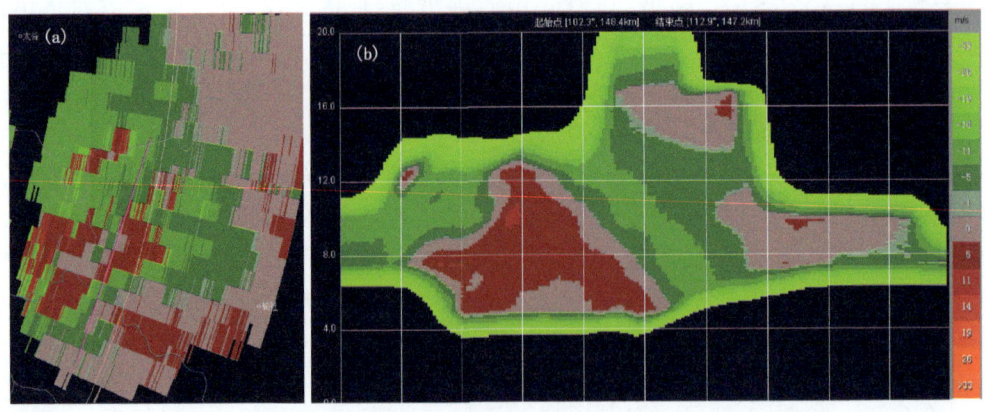

图 5.24　2019 年 4 月 24 日 17:20 吕梁雷达 2.4°仰角径向速度(a)和垂直剖面(b)(单位:m/s)

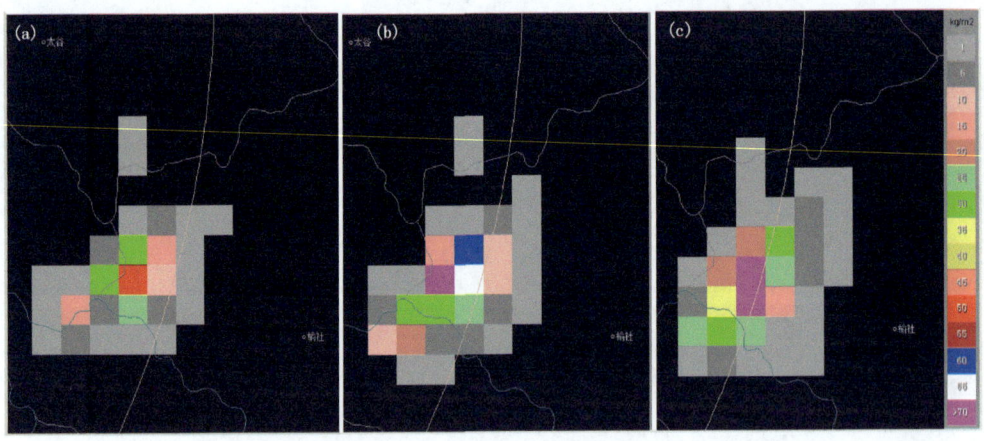

图 5.25　2019 年 4 月 24 日吕梁雷达 17:08(a)、17:14(b)、17:20(c)垂直积分液态水含量(单位:kg/m²)

5.10　2019 年 6 月 7 日雷达回波特征

2019 年 6 月 7 日,受蒙古冷涡和低层切变线以及地面冷锋的影响,山西中部及晋东南一带出现了强对流天气。忻州、原平、阳曲、盂县、阳泉等地出现了冰雹,阳泉还伴有雷暴大风,瞬时最大风速达 23.7 m/s,此外还有 14 站出现了雷暴大风。

利用大同多普勒雷达探测资料研究忻州冰雹的雷达回波特征,发现回波呈块状,尺度 50 km 左右,35 dBZ 以上回波尺度为 30 km 左右,13:17 反射率因子强度最大,达 68 dBZ(图 5.26a)。

沿着雹暴移动方向通过反射率因子最强处做垂直剖面(图 5.26b)可以发现,回波顶高达 16 km,中高层的强回波随高度向东南方向倾斜,50 dBZ 以上的强回波位于 4～12.5 km,强度核高度在 8 km 以上,核心强度超过 68 dBZ。08:00 太原探空图上 0 ℃ 层高度为 4.3 km,−20 ℃ 层高度为 7.4 km,超过−20 ℃ 等温线所在高度的 50 dBZ 以上强回波厚度达 5 km 之多,强回波厚度异常厚。

第5章 山西冰雹天气的雷达回波特征

对应在径向速度图(图 5.26c)上,低层 1.5°仰角上可见正、负速度对,气流气旋性辐合。垂直剖面图上可以看出中低层有辐合(图 5.26d)。

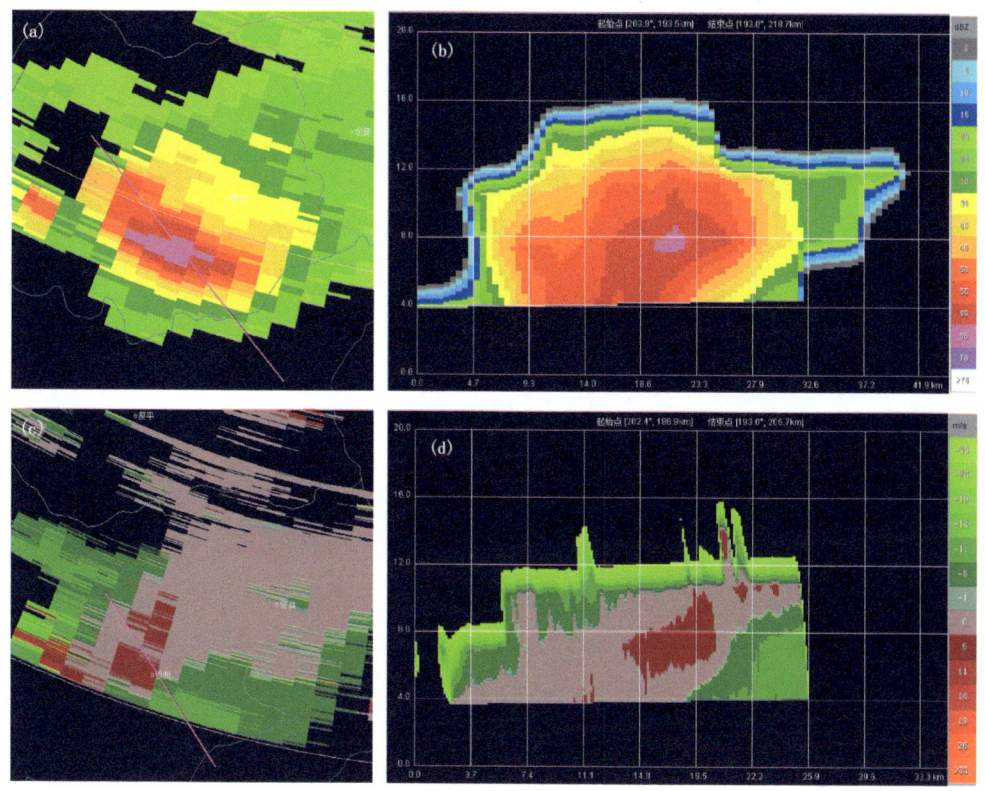

图 5.26　2019 年 6 月 7 日 13:17 大同雷达 1.5°仰角反射率因子(a)及其垂直剖面(b)、
1.5°仰角径向速度(c)及其垂直剖面(d)

此次冰雹过程垂直积分液态水含量异常大(图 5.27),一个体扫的跃增量也异常大,13:06 的 VIL 值 43.4 kg/m²,13:11 跃增到 95 kg/m²,一个体扫跃增了 51.6 kg/m²。与此同时,13:06 云顶高度 13.5 km,到 13:11 上冲到 14.2 km,表明上升气流很强,对流发展迅速。

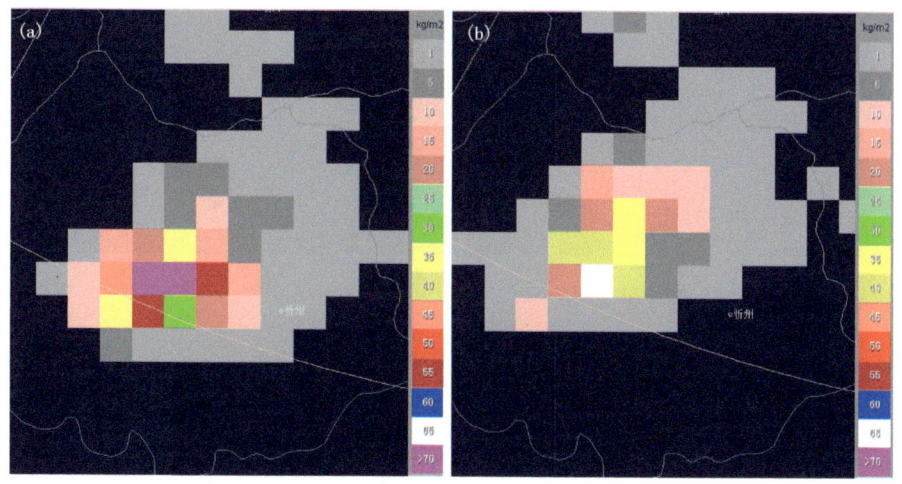

图 5.27　2019 年 6 月 7 日大同雷达 13:06(a)、13:11(b)垂直积分液态水含量(单位:kg/m²)

5.11　2019年7月5日雷达回波特征

2019年7月5日08时,受高空冷槽后部、暖高压前部强偏北急流和低层暖区的共同影响,高空强冷空气叠加在低层暖空气上,850 hPa与500 hPa温差大于28 ℃,之后高空强冷平流和低层暖平流的叠加使得高低空温差进一步增大,山西及其周边上空层结不稳定加大。用14:00温度订正08:00探空资料后,太原对流有效位能值达到2186 J/kg,张家口达到969 J/kg,不稳定能量大。另外,由于高空风很大,太原和张家口探空资料显示500 hPa风速都达到了22 m/s,而低层风速小,0~6 km深层垂直风切变接近20 m/s,属于强的垂直风切变。这些条件都有利于强对流天气的发生发展,冰雹的产生要求有持久的强上升气流,环境的对流有效位能和垂直风切变都大,有利于产生持久的强上升气流。

地面冷锋前部暖低压带中,西北风与西南风形成了辐合线。在这条地面辐合线的抬升触发作用下,山西北部和东部出现了以雷暴大风为主的强对流天气,其中灵丘县13:00—14:00出现了冰雹,并伴有短时强降水。

此次强对流天气从11:00开始,一直持续到20:00前后,持续时长达9 h。从雷达组合反射率因子来看,带状回波首先在内蒙古生成,随后在东移南压过程中不断发展加强,到13:00前后形成了飑线(图5.28),飑线经过之处出现了大范围的雷暴大风天气。飑线的带状回波中还镶嵌着超级单体,超级单体的回波强度超过了65 dBZ,并伴有持久深厚的中气旋,冰雹就是由超级单体风暴产生的。

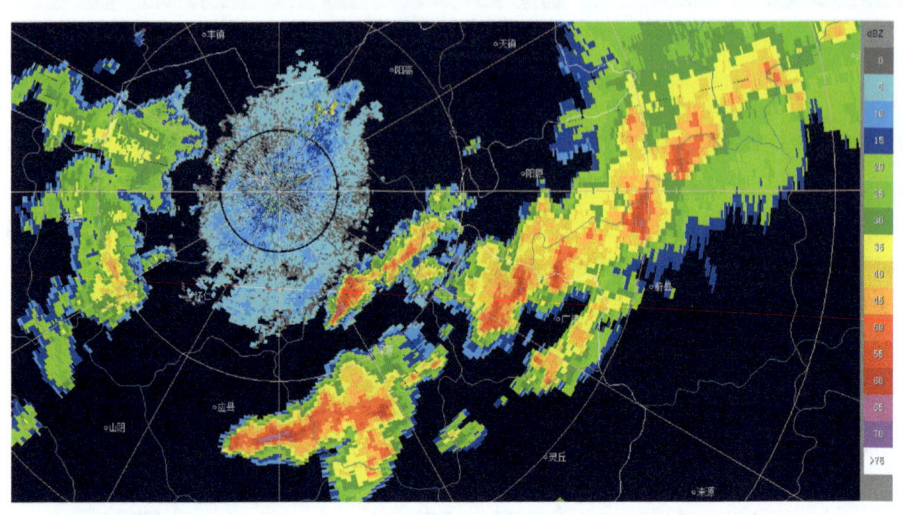

图5.28　2019年7月5日12:39大同雷达反射率因子(单位:dBZ)

大同多普勒雷达基本反射率因子(图5.29)图上,0.5°仰角灵丘上空回波较弱,1.5°以上仰角回波强度明显变强,4.3°仰角上回波强度达到了68 dBZ。3.4°和4.3°仰角上有三体散射特征。从反射率因子垂直剖面图上可以看出,强回波伸展的高度很高,回波顶高达14 km,50 dBZ回波顶达到了10.5 km,并且可以看到强回波随高度倾斜,低层入流弱回波区之上是高层悬垂的强回波,雹暴最显著的特征是强反射率因子扩展到较高的高度,因此这是典型的雹暴。08:00 太原探空图上 0 ℃层高度为 4.7 km,−20 ℃层高度为 7.6 km,−20 ℃层高度以上超过 50 dBZ 的反射率因子厚度达 3 km,−20 ℃层高度以上有超过 50 dBZ 的回波就可能产生大冰雹,且反射率因子强度越强、高度越高,产生大冰雹的可能性和严重程度也越大。

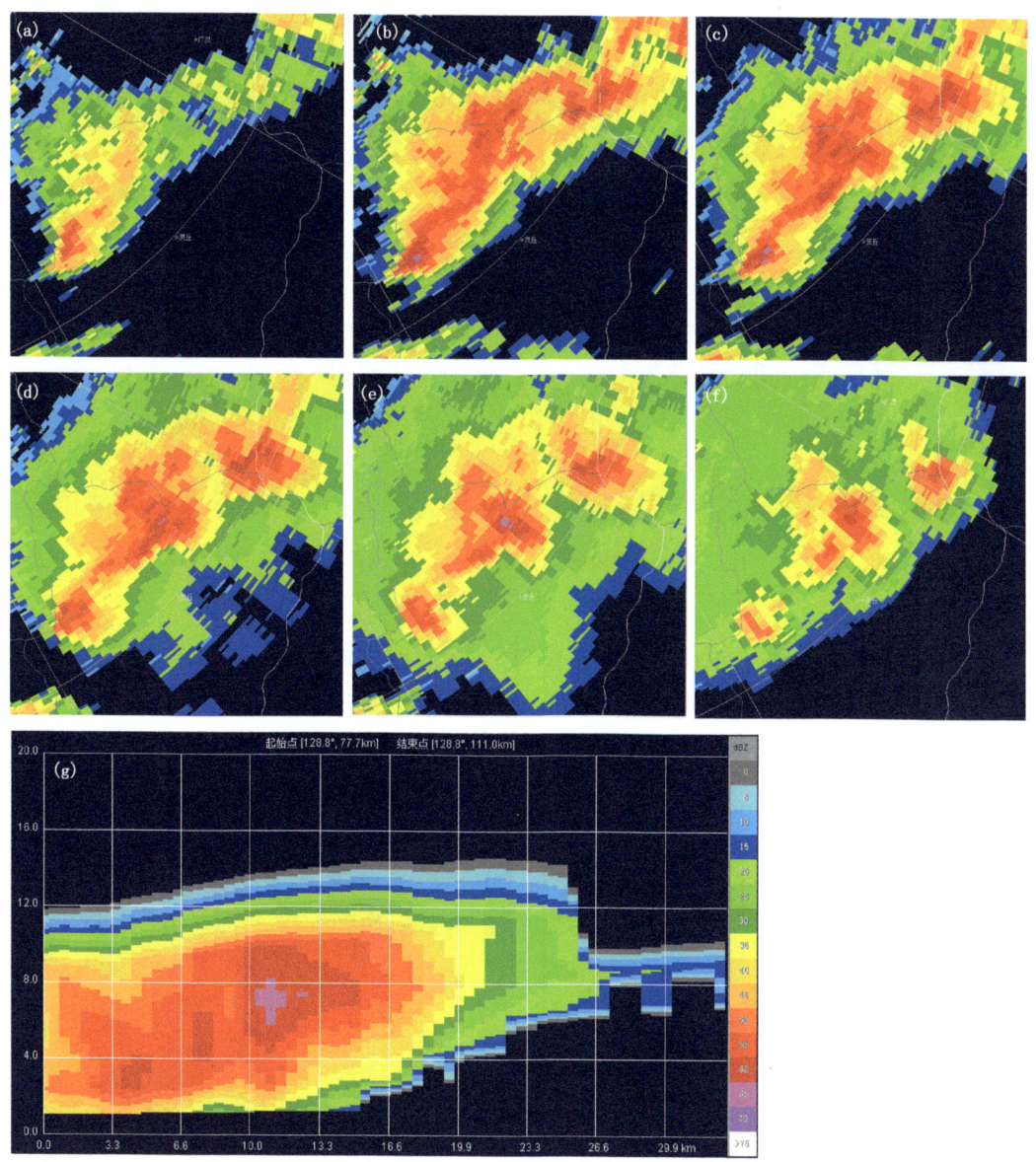

图 5.29　2019 年 7 月 5 日 13:15 大同多普勒雷达 0.5°(a)、1.5°(b)、2.4°(c)、3.4°(d)、
4.3°(e)、6.0°(f)仰角反射率因子和垂直剖面(g)(单位:dBZ)

对应径向速度图(图 5.30)上,虽然在正速度区里出现了速度模糊,但可以从 0.5°、1.5°、2.4°和 3.4°仰角上看出有深厚的中气旋,且中气旋持续时间较长,因此造成灵丘冰雹的是超级单体风暴。

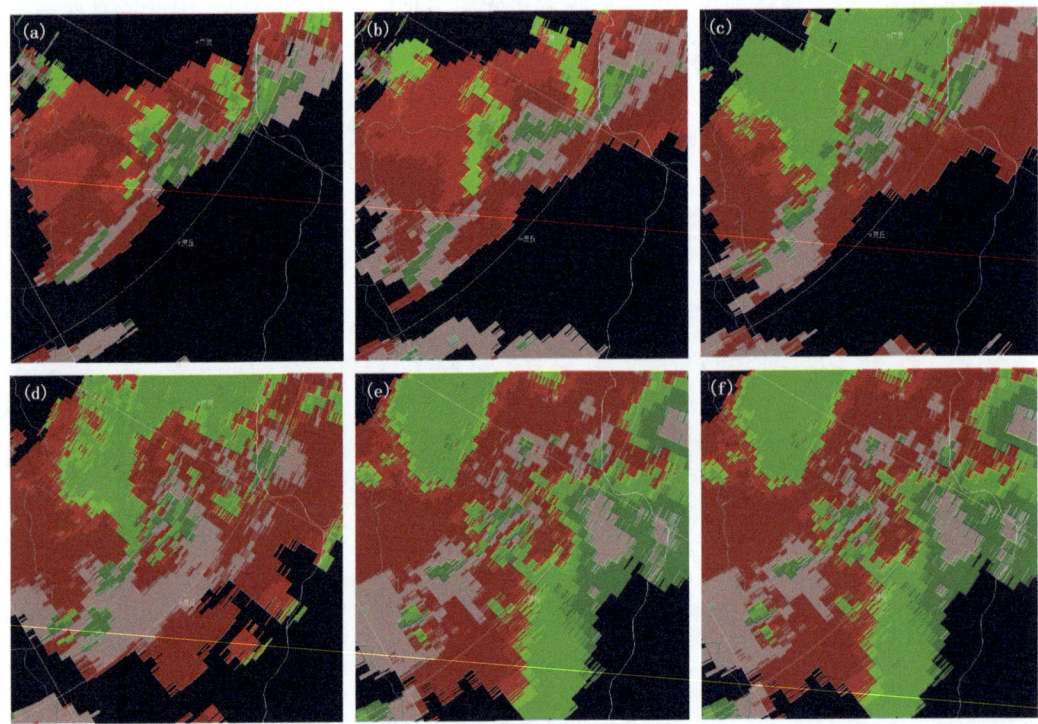

图 5.30 2019 年 7 月 5 日 13:15 大同多普勒雷达 0.5°(a)、1.5°(b)、2.4°(c)、3.4°(d)、
4.3°(e)、6.0°(f) 仰角径向速度(单位:m/s)

此次冰雹天气垂直积分液态水含量异常大,一个体扫的跃增量也异常大,13:00—13:06 灵丘地区的 VIL 骤增,从 13:00 的 39 kg/m² 到 13:06 的 134 kg/m²,6 min 内增量达到了 95 kg/m²(图 5.31),13:25 后 VIL 值突降。以上预示了灵丘冰雹的发生,时间提前量约 20 min。

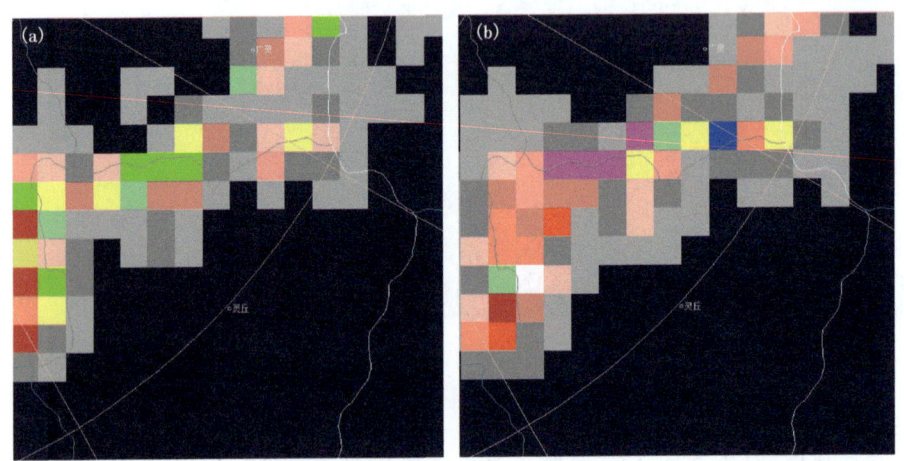

图 5.31 2019 年 7 月 5 日大同雷达 13:00(a)、13:06(b) 垂直积分液态水含量(单位:kg/m²)

5.12 山西冰雹的雷达回波统计特征

分析雹暴的雷达回波特征可以在一定程度上了解雹暴的垂直结构信息,并可以反映风暴内垂直上升气流的强度。本章统计了10个雹暴个例的回波形态、有无弱回波区或有界弱回波区、回波顶高、垂直积分液态水含量、速度图上中气旋特征、低层气流辐合、风暴顶辐散等常用雷达回波特征。此外,强回波超过-20 ℃层高度时,有利于大冰雹的形成,分析雹暴发展强盛阶段的最大反射率因子强度及其所在高度,有利于判断冰雹的大小和严重程度,因此还统计了冰雹个例50 dBZ以上强回波超过-20 ℃层的高度。垂直积分液态水含量的密度(D_{VIL})也是冰雹预报预警的重要指标,D_{VIL}定义为风暴单体垂直积分液态水含量与风暴顶高度之比,即VIL除以ET得到的商。研究表明,若D_{VIL}超过4 g/m³,出现直径≥2 cm冰雹的可能性很大。

综合以上参数,表5.2给出了10个冰雹风暴单体的上述参数值。表中回波形态指的是辨别雹暴是否有高悬强回波,是否有勾状回波、"V"形缺口、三体散射、尖顶回波、旁瓣回波等特征。WER/BWER表示有无弱回波区或有界弱回波区特征,TBSS表示有三体散射特征,Z_{max}表示雹暴的最大反射率因子强度,H_{50dBZ}表示雹暴中超过50 dBZ强回波的高度,ET表示回波顶高,通常指18 dBZ以上的回波所能达到的最大高度,H_{-20}表示雹暴中-20 ℃等温层之上

表5.2 典型冰雹个例的雷达参数统计

个例日期	回波形态	WER/BWER	Z_{max} (dBZ)	H_{50dBZ} (km)	ET (km)	H_{-20} (km)	VIL_{max} (kg/m²)	D_{VIL} (g/m³)	ΔVIL (kg/m²)	速度图
20150506	飑线	WER	60	8	12	1.8	45	3.8	6	
20160427	块状单体,2.4° TBSS	BWER	60	6.5	9.4	0.8	29	3.1	12	低层辐合,高层辐散
20160604	超级单体,4.3°、6.0°TBSS	WER	58	8	12	1.1	41	3.4	9	中气旋
20160613	超级单体,钩状回波,3.4°TBSS	BWER	65	13	17	5.8	45	2.7	28	中气旋,风暴顶辐散
20170714	钩状回波,TBSS	WER	65	9	14.9	1.2	80	5.4	20	正、负速度对
20170811	超级单体,钩状回波,TBSS、旁瓣、尖顶回波	BWER	60	11.5	15	4	65	4.3	20	中气旋
20180716	块状单体	WER	60	12	18	3.5	45	2.5	16	正、负速度对
20190424	块状单体,2.4° TBSS、尖顶回波	WER	65	10	14.2	3.2	106	10.6	28.7	中低层气旋性辐合
20190607	块状单体	WER	68	12.5	16	5	95	5.9	51.6	中低层气旋性辐合
20190705	飑线上嵌了超级单体,3.4°TBSS	WER	68	11	16	3	134	8.4	95	中气旋

50 dBZ 以上强回波的厚度，VIL_{max} 表示雹暴发展过程中最大垂直积分液态水含量，D_{VIL} 表示垂直积分液态水含量的密度，ΔVIL 表示相邻一个体扫 VIL 的最大跃增量，速度图指的是在雷达径向速度图上是否有中气旋特征、低层辐合、风暴顶辐射等特征。

统计总结表 5.2 中 10 个雹暴的各雷达参数值，发现有如下特点：

(1)雹暴都是高悬强回波，低层回波相对较弱，高层回波较强，强回波高度较高，冰雹风暴单体内最大反射率因子均超过 58 dBZ，最大达到了 68 dBZ，除了春季个别个例外，50 dBZ 以上强回波高度都超过了 8 km，反射因子垂直结构都向入流一侧倾斜，入流一侧反射率因子梯度大，在高仰角 6.0°，甚至 9.9°、14.6°仰角上仍然有超过 50 dBZ 的强回波。抬高仰角观测到强回波有助于尽早发现雹暴。

(2)雹暴的尺度通常较小，35 dBZ 以上的回波尺度一般为 20～40 km。大部分呈结构密实的块状分布，有时低层有钩状回波，有时雹暴超级单体或块状回波镶嵌在飑线或带状回波中，但雹暴的回波强度和高度都明显大于周边。

(3)雹暴强度垂直剖面上，有 3 个个例强回波下方有有界弱回波区特征(BWER)，其余个例强回波下方都有入流弱回波区(WER)。WER 和 BWER 表示风暴中有强上升气流区，意味着冰雹在降落前有足够长的时间增长，是冰雹的有效预警指标。当风暴垂直剖面中出现 BWER 或 WER 时，则可以考虑发布冰雹预警。

(4)回波顶高(ET)均在 9 km 之上，90%的个例 ET≥12 km，最高的伸展至 18 km。ET 特别高，说明上升气流特别强，风暴发展强。

(5)所有个例−20 ℃层高度之上都有强度超过 50 dBZ 的反射率因子，50 dBZ 以上强回波位于 6.5～12.5 km 高度，−20 ℃等温层之上 50 dBZ 以上强回波的厚度为 0.8～5.8 km，且强回波厚度越厚，强度越强，出现的冰雹越大，造成的灾害也越强。

(6)有 7 个个例出现了三体散射特征(TBSS)，TBSS 一般出现在中高层，距离雷达较近时 TBSS 出现在较高仰角，距离雷达较远时 TBSS 出现在较低仰角。还有 2 个个例出现了尖顶回波或旁瓣回波，出现了 TBSS 和尖顶、旁瓣回波的风暴最大强度普遍大于 60 dBZ，造成的冰雹灾害更重。TBSS 和尖顶、旁瓣回波等特征出现在冰雹降落之前，且能维持一段时间，因此具有一定的预报提前量。

(7)有 2 个个例出现了三体散射特征，但并未观测到有直径 2 cm 以上的大冰雹出现。通常 S 波段雷达出现了三体散射特征，就一定会出现大冰雹，可见 C 波段多普勒雷达较 S 波段雷达更容易出现三体散射特征。

(8)除了一次春季 4 月个例的最大垂直积分液态水含量(VIL)为 29 kg/m² 较低外，其余个例最大 VIL 值介于 41～134 kg/m²；大多数个例在冰雹降落前 VIL 有跃增现象，1 个体扫内跃增量为 6～95 kg/m²。VIL 跃增现象是冰雹云发展的一个重要特征，出现 VIL 跃增后不久地面就会降雹，冰雹降落时 VIL 迅速减小。

(9)VIL 密度为 2.5～10.6 kg/m³，VIL 密度对冰雹的有效识别和预警有很好的指示意义。VIL 值和 VIL 密度的大小要考虑雹暴距离雷达的远近，在距离雷达 25 km 以内，由于静锥区的影响，高仰角的回波观测不到，影响 VIL 值和云顶高度值的计算，使得 VIL 值和云顶高度比实际情况偏小，因此距雷达太近不能利用 VIL 和 VIL 密度判断冰雹天气。

(10)速度图上大多有正、负速度对，存在底层辐合、高层辐散特征，但由于雷达测高的局限性，有时候观测不到风暴顶辐散。有的速度图上有中气旋，中气旋是超级单体的典型特征，超级单体往往产生大冰雹,因此中气旋与大冰雹有很好的相关关系。

(11)春季强回波高度较夏季相对较低,VIL值较夏季小,盛夏副热带高压边缘0 ℃层和－20 ℃层高度较其他个例高,雹暴的高度也相对较高。

上述雷达参数值可作为山西冰雹短时临近预报、预警雷达识别参量指标。在实际预报中,如果风暴具有以上特征,就需要考虑发布冰雹预警。

参考文献

曹艳察,田付友,郑永光,等,2018.中国两级阶梯地势区域冰雹天气的环境物理量统计特征[J].高原气象,37(1):185-196.

戴建华,秦虹,郑杰,等,2019.探空资料分析显示系统(SANDS,V1.0):2019SR1105865[Z].

樊李苗,俞小鼎,2013.中国短时强对流天气的若干环境参数特征分析[J].高原气象,32(1):156-165.

韩颂雨,罗昌荣,魏鸣,等,2017.三雷达、双雷达反演降雹超级单体风暴三维风场结构特征研究[J].气象学报,75(5):757-770.

黄治勇,周志敏,徐桂荣,等,2015.风廓线雷达和地基微波辐射计在冰雹天气监测中的应用[J].高原气象,34(1):269-278.

李耀东,刘健文,吴洪星,等,2014.对流温度含义阐释及部分示意图隐含悖论成因分析与预报应用[J].气象学报,72(3):628-637.

梁必骐,王安宇,梁经萍,等,1989.热带气象学[M].广州:中山大学出版社:156-165.

马雅丽,栾青,王志伟,等,2010.山西省主要农业气象灾害变化特征及其对农作物产量的影响[J].中国农业气象,31(S1):150-154.

王秀明,俞小鼎,朱禾,2012.NCEP再分析资料在强对流环境分析中的应用[J].应用气象学报,23(2):139-146.

王秀明,俞小鼎,周小刚,2014.雷暴潜势预报中几个基本问题的讨论[J].气象,40(4):389-399.

王笑芳,丁一汇,1994.北京地区强对流天气短时预报方法的研究[J].大气科学,18(2):173-183.

吴占华,窦利军,李瑞芳,等,2015.山西省冰雹天气变化的气候特征分析[J].中国农学通报,31(29):212-220.

盛杰,郑永光,沈新勇,等,2019.2018年一次罕见早春飑线大风过程演变和机理分析[J].气象,45(2):141-154.

孙继松,石增云,王令,2006.地形对夏季冰雹事件时空分布的影响研究[J].气候与环境研究,11(1):76-84.

孙康远,郑媛媛,慕瑞琪,等,2017.南京及周边地区雷达气候学分析[J].气象学报,75(1):178-192.

许爱华,詹丰兴,刘晓晖,等,2006.强垂直温度梯度条件下强对流天气分析与潜势预报[J].气象科技,34(4):376-380.

许爱华,孙继松,许东蓓,等,2014.中国中东部强对流天气的天气形势分类和基本要素配置特征[J].气象,40(4):400-411.

徐芬,郑媛媛,肖卉,等,2016.江苏沿江地区一次强冰雹天气的中尺度特征分析[J].气象,42(5):567-577.

杨贵名,马学款,宗志平,2003.华北地区降雹时空分布特征[J].气象,29(8):31-34.

易笑园,孙晓磊,张义军,等,2017.雷暴单体合并进行中雷达回波参数演变及闪电活动的特征分析[J].气象学报,75(6):981-995.

俞小鼎,姚秀萍,熊廷南,等,2007.多普勒天气雷达原理与业务应用[M].北京:气象出版社.

俞小鼎,周小刚,王秀明,2012.雷暴与强对流临近天气预报技术进展[J].气象学报,70(3):311-337.

张芳华,高辉,2008.中国冰雹日数的时空分布特征[J].大气科学学报,31(5):687-693.

张小玲,谌芸,张涛,2012.对流天气预报中的环境场条件分析[J].气象,70(4):642-654.

章国材,2011.强对流天气分析与预报[M].北京:气象出版社.

赵金涛,岳耀杰,王静爱,等,2015.1950—2009年中国大陆地区冰雹灾害的时空格局分析[J].中国农业气象,36(1):83-92.

参考文献

郑永光,周康辉,盛杰,等,2015.强对流天气监测预报预警技术进展[J].应用气象学报,26(6):641-657.

郑艳,刘丽君,吴春娃,等,2015.近10a海南岛冰雹天气统计特征与概念模型[J].气象研究与应用,36(4):15-19.

DOSWELL Ⅲ C A,BROOKS H E,MADDOX R A,1996. Flash flood forecasting:An ingredients-based methodology[J].Weather & Forecasting,11(4):560-581.

JOHNS R H,DOSWELL Ⅲ C A,1992.Severe local storms forecasting[J].Weather & Forecasting,7(4):588-612.

JOHNSON A W,SUGDEN K E,2014. Evaluation of sounding-derived thermodynamic and wind-related parameters associated with large hail events[J].Electronic Journal of Severe Storms Meteordogy,9(5):1-42.

MCNULTY R P,1995. Severe and convective weather:A central regional forecasting challenge[J].Weather & Forecasting,10(2):187-202.

MENG Z,YAN D,ZHANG Y,2013.General features of squall lines in east China[J].Monthly Weather Review,141(5):1629-1647.

RASMUSSEN E N,BLANCHARD D O,1998. A baseline climatology of sounding-derived supercell and tornado forecast parameters[J].Weather & Forecasting,13(4):1148-1164.

WEISMAN M L,KLEMP J B,1984. The structure and classification of numerically simulated convective storms in directional varying wind shears[J].Monthly Weather Review,112(12):2479-2498.

LI X F,ZHANG Q H,ZOU T,et al,2018.Climatology of hail frequency and size in China,1980-2015[J].Journal of Applied Meteorology & Climatology,57(4):875-887.

ZHANG C X,ZHANG Q H,WANG Y Q,2008.Climatology of hail in China:1961-2005[J].Journal of Applied Meteorology & Climatology,47(3):795-804.

ZHENG L L,SUN J H,ZHANG X L,et al,2013. Organizational modes of mesoscale convective systems over central east China[J].Weather & Forecasting,28(5):1081-1098.